人とどうぶつの血液型

編著　近江俊徳　博士（医学）

緑書房

はじめに

みなさんは、人《ひと》の血液型《けつえきがた》が30種類以上《しゅるいいじょう》あることを知《し》っていますか？

そして血液型《けつえきがた》は人《ひと》だけでなく、犬《いぬ》や猫《ねこ》にもあるのです。

では、そもそも血液型《けつえきがた》とはなんでしょうか？　ほかの生《い》きものにも血液型《けつえきがた》はあるのでしょうか？　この本《ほん》では、案外《あんがい》知《し》っているようで知《し》らない血液型《けつえきがた》の不思議《ふしぎ》や面白《おもしろ》さについて、科学的《かがくてき》な内容《ないよう》から雑学的《ざつがくてき》なものまで、まとめてご紹介《しょうかい》します。ぜひ、みなさんも楽《たの》しく読《よ》んで〝血液型博士《けつえきがたはかせ》〟になりませんか。
この場《ば》を借《か》りて、人《ひと》と動物《どうぶつ》の輸血《ゆけつ》・献血《けんけつ》について解説《かいせつ》してくださった、大阪府《おおさかふ》赤十字《せきじゅうじ》血液《けつえき》センター所長《しょちょう》の谷慶彦先生《たによしひこせんせい》、同《どう》センター課長《かちょう》の安井正樹先生《やすいまさきせんせい》、日本獣医生命科学大学准教授《にほんじゅういせいめいかがくだいがくじゅんきょうじゅ》の呰上大吾先生《あざかみだいごせんせい》に心《こころ》より礼《れい》を申《もう》し上《あ》げます。

2018年《ねん》 初夏《しょか》
編著者《へんちょしゃ》 近江俊徳《おうみとしのり》

●もくじ

第《だい》4章《しょう》 知《し》っておこう 輸血《ゆけつ》・献血事情《けんけつじじょう》

第《だい》1章《しょう》

血液型《けつえきがた》って なに?

　血液型《けつえきがた》に関《かん》する話題《わだい》はメディアでもよく取《と》り上《あ》げられていますが、そもそも血液型《けつえきがた》とはなんでしょうか。

　ここではまず血液《けつえき》について簡単《かんたん》にお話《はなし》してから、血液型《けつえきがた》の基本《きほん》をご紹介《しょうかい》します。

血液《けつえき》の成分《せいぶん》とはたらき

血液型《けつえきがた》の話《はなし》をする前《まえ》に、すこし血液《けつえき》について学《まな》びましょう。体《からだ》のなかには生命《せいめい》を維持《いじ》する大切《たいせつ》な役割《やくわり》をもつ血液《けつえき》が流《なが》れています。人《ひと》の体《からだ》のなかの血液《けつえき》の量《りょう》は、体重《たいじゅう》の約《やく》13分《ぶん》の1といわれています。たとえば体重《たいじゅう》が50kgなら、約《やく》3.8Lの血液《けつえき》が体《からだ》のなかをめぐっています。これを「循環《じゅんかん》」といいます。

血液《けつえき》の成分《せいぶん》

血液《けつえき》は、液体《えきたい》の成分《せいぶん》（液体成分《えきたいせいぶん》）と細胞《さいぼう》の成分《せいぶん》（細胞成分《さいぼうせいぶん》）でできています。およそ血液《けつえき》の55％が液体成分《えきたいせいぶん》で、45％が細胞成分《さいぼうせいぶん》です。液体成分《えきたいせいぶん》は「血漿《けっしょう》」と呼《よ》ばれ、その約《やく》90％が水分《すいぶん》です。残《のこ》りの10％は、タンパク質《しつ》、糖《とう》、脂質《ししつ》、電解質《でんかいしつ》などです。細胞成分《さいぼうせいぶん》とは血球《けっきゅう》のことです。

採血《さいけつ》（体内《たいない》から血液《けつえき》をとること）した血液《けつえき》を試験管《しけんかん》のなかで放《ほう》っておくと、血漿中《けっしょうちゅう》のフィブリンという成分《せいぶん》のはたらきで細胞成分《さいぼうせいぶん》は固《かた》まります。この固《かた》まった細胞成分《さいぼうせいぶん》を「血餅《けっぺい》」といいます。また血漿《けっしょう》からフィブリンがのぞかれた液体成分《えきたいせいぶん》は「血清《けっせい》」と呼《よ》ばれます。

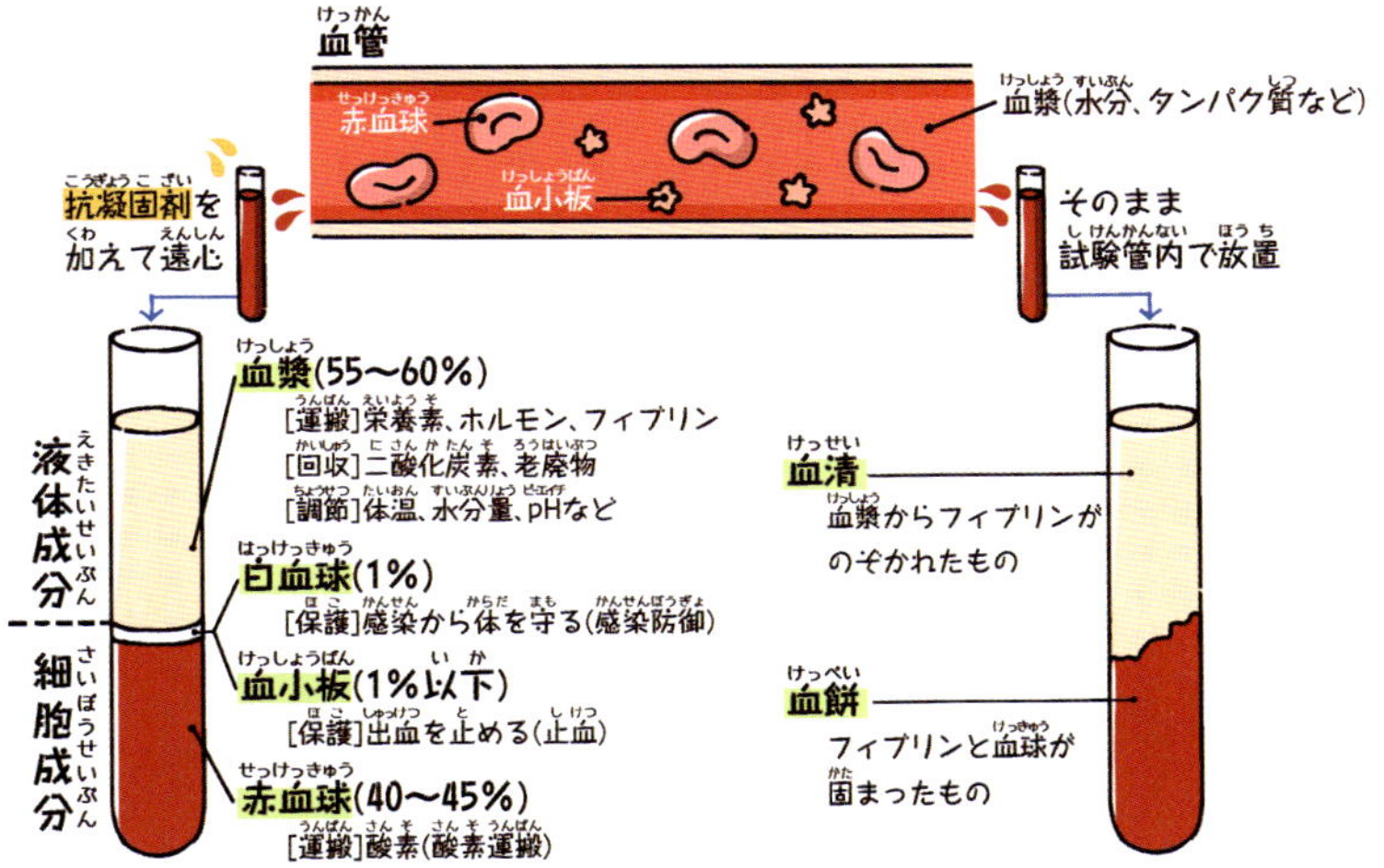

血液《けつえき》の成分《せいぶん》とおもなはたらき

それぞれのはたらき

液体成分《えきたいせいぶん》である血漿《けっしょう》は栄養素《えいようそ》、ホルモンなどを体中《からだじゅう》の細胞《さいぼう》に運《はこ》んだり、二酸化炭素《にさんかたんそ》や老《ろう》廃物《はいぶつ》などを細胞《さいぼう》から回収《かいしゅう》したり、体《からだ》を正常《せいじょう》に保《たも》つために体温《たいおん》、水分量《すいぶんりょう》、pH《ピーエイチ》などを調節《ちょうせつ》しています。

細胞成分《さいぼうせいぶん》である血球《けっきゅう》は、赤血球《せっけっきゅう》、白血球《はっけっきゅう》、血小板《けっしょうばん》に分《わ》かれます。それぞれに役割《やくわり》があり、赤血球《せっけっきゅう》は、体《からだ》のすみずみまで酸素《さんそ》を運《はこ》びます。白血球《はっけっきゅう》は、体《からだ》の外《そと》から入《はい》ってきた細菌《さいきん》や毒素《どくそ》などから体《からだ》を守《まも》ります。そして血小板《けっしょうばん》は、出《しゅっ》血《けつ》したときに血液《けつえき》を固《かた》めて（凝固《ぎょうこ》）止《と》めるはたらきがあります。

血液型《けつえきがた》ってなんのこと？

それでは血液型《けつえきがた》とはなんでしょうか。血液《けつえき》型《がた》とは、血球《けっきゅう》の表面《ひょうめん》にある血液型抗原《けつえきがたこうげん》と呼《よ》ばれる物質《ぶっしつ》で血液《けつえき》を分《わ》けたものです。また、すべての血球《けっきゅう》には血液型《けつえきがた》があります。赤血球《せっけっきゅう》の血液型《けつえきがた》は赤血球型《せっけっきゅうがた》、白血球《はっけっきゅう》の血液型《けつえきがた》は白血球《はっけっきゅう》型《がた》、血小板《けっしょうばん》の血液型《けつえきがた》は血小板型《けっしょうばんがた》と呼《よ》びます。

親《おや》がもっている**形質**《けいしつ》（体《からだ》のいろいろな部分《ぶぶん》の形《かたち》や大《おお》きさ、色《いろ》などの性質《せいしつ》）が、こどもに伝《つた》えられていくことを「**遺伝**《いでん》」といいます。たとえば、目《め》の大《おお》きさや色《いろ》が人《ひと》によって違《ちが》うように、この血液型抗原《けつえきがたこうげん》も１人《ひとり》ずつ型《かた》（タイプ）が違《ちが》い、遺伝《いでん》します。まったく同《おな》じ血液《けつえき》型抗原《がたこうげん》をもつ人《ひと》は、**一卵性双生児**《いちらんせいそうせいじ》（性別《せいべつ》も血《けつ》液型《えきがた》も同《おな》じで容姿《ようし》がそっくりな双子《ふたご》）だけなのです。

いつから血液型《けつえきがた》はあるの？ ～人《ひと》の血液型《けつえきがた》の歴史《れきし》～

人《ひと》の血液型《けつえきがた》の歴史《れきし》を紐解《ひもと》いていきましょう。人《ひと》の血液型《けつえきがた》は西暦《せいれき》１９００年《ねん》、日本《にほん》では明治《めいじ》33年《ねん》と、今《いま》から約《やく》１２０年近《ねんちか》くも前《まえ》に、オーストリアの若《わか》き病理学者《びょうりがくしゃ》カール・ランドシュタイナーによって発見《はっけん》されました。ランドシュタイナーは研究室《けんきゅうしつ》の仲間《なかま》と自分《じぶん》たちの血液《けつえき》を使《つか》い、それぞれの血清《けっせい》と別《べつ》な人《ひと》の赤血《せっけつ》球《きゅう》を混《ま》ぜ合《あ》わせてみました。すると、赤血球《せっけっきゅう》が凝集《ぎょうしゅう》するものと凝集《ぎょうしゅう》しない組《く》み合《あ》わせがあることを見《み》つけたのです。「**凝集**《ぎょうしゅう》（赤血球凝集《せっけっきゅうぎょうしゅう》）」とは、血液型抗原《けつえきがたこうげん》と血清中《けっせいちゅう》の抗体《こうたい》（抗原《こうげん》と合体《がったい》するタンパク質《しつ》のこと）が合体《がったい》して、赤血球《せっけっきゅう》が塊《かたまり》をつくることです。ランドシュタイナーは、このとき見《み》つけた組《く》み合《あ》わせを3つのグループに分《わ》け、A型《エーがた》、B型《ビーがた》、C型《シーがた》（のちのO型《オーがた》）と名《な》づけました。その2年後《ねんご》、ランドシュタイナーの研究仲間《けんきゅうなかま》が4つめのグループ（のちのAB型《エービーがた》）を見《み》つけます。これが今《いま》のABO式血液型《エービーオーしきけつえきがた》です。

ランドシュタイナーが血液型《けつえきがた》を発見《はっけん》する前《まえ》は、血液《けつえき》の組《く》み合《あ》わせによって凝集《ぎょうしゅう》が起《お》こることは知《し》られていませんでした。そのため血《けつ》

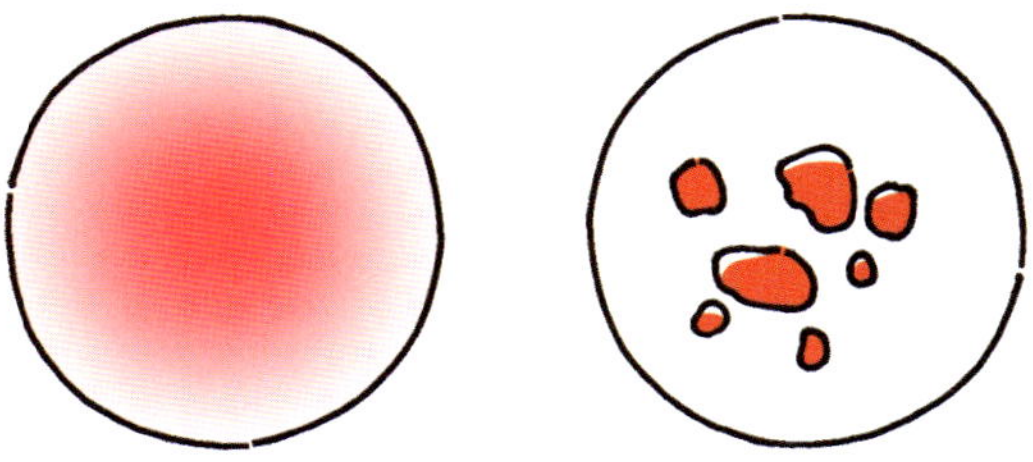

凝集《ぎょうしゅう》なし　　凝集《ぎょうしゅう》あり

凝集《ぎょうしゅう》の様子《ようす》。血液型抗原《けつえきがたこうげん》と血清中《けっせいちゅう》の抗体《こうたい》が反応《はんのう》し、赤血球《せっけっきゅう》が集合《しゅうごう》して塊《かたまり》を形成《けいせい》している

液型《えきがた》が発見《はっけん》されたことで、より安全《あんぜん》な輸血《ゆけつ》（106ページ）が可能《かのう》となったのです。人《ひと》の血液型《けつえきがた》を発見《はっけん》した功績《こうせき》により、ランドシュタイナーは1930年《ねん》にノーベル生理学《せいりがく》・医学賞《いがくしょう》を受《じゅ》賞《しょう》しています。また、ABO式血液型《エービーオーしきけつえきがた》とともに輸血《ゆけつ》にかかわる重要《じゅうよう》な血液型《けつえきがた》であるRh式《アールエイチしき》血液型《けつえきがた》もレビンとステットソンの研究《けんきゅう》グループと同《おな》じころに、ランドシュタイナーが弟子《でし》のウィーナーと発見《はっけん》しています（18ページ）。

輸血《ゆけつ》で重要《じゅうよう》となるABO式血液型《エービーオーしきけつえきがた》とRh式《アールエイチしき》血液型《けつえきがた》について、もうすこしお話《はなし》していきます。

ABO式血液型《エービーオーしきけつえきがた》

ABO式血液型《エービーオーしきけつえきがた》はA型《エーがた》、B型《ビーがた》、O型《オーがた》、AB《エービー》型《がた》の4つに分《わ》けられます。日本人《にほんじん》のABO式《エービーオーしき》血液型《けつえきがた》の割合《わりあい》は、おおよそ10人《にん》のうちA型《エーがた》4人《にん》、O型《オーがた》3人《にん》、B型《ビーがた》2人《ふたり》、AB型《エービーがた》1人《ひとり》です。国《くに》によってABO式血液型《エービーオーしきけつえきがた》の割合《わりあい》（分布《ぶんぷ》）は違《ちが》います。たとえば、日本人《にほんじん》のなかでは少《すく》ないと感《かん》じるAB型《エービーがた》は、実《じつ》はほかの国《くに》に比《くら》べると多《おお》いのです。また、インド人《じん》はほかの国《くに》に比《くら》べてB型《ビーがた》が多《おお》いことがわかっています。

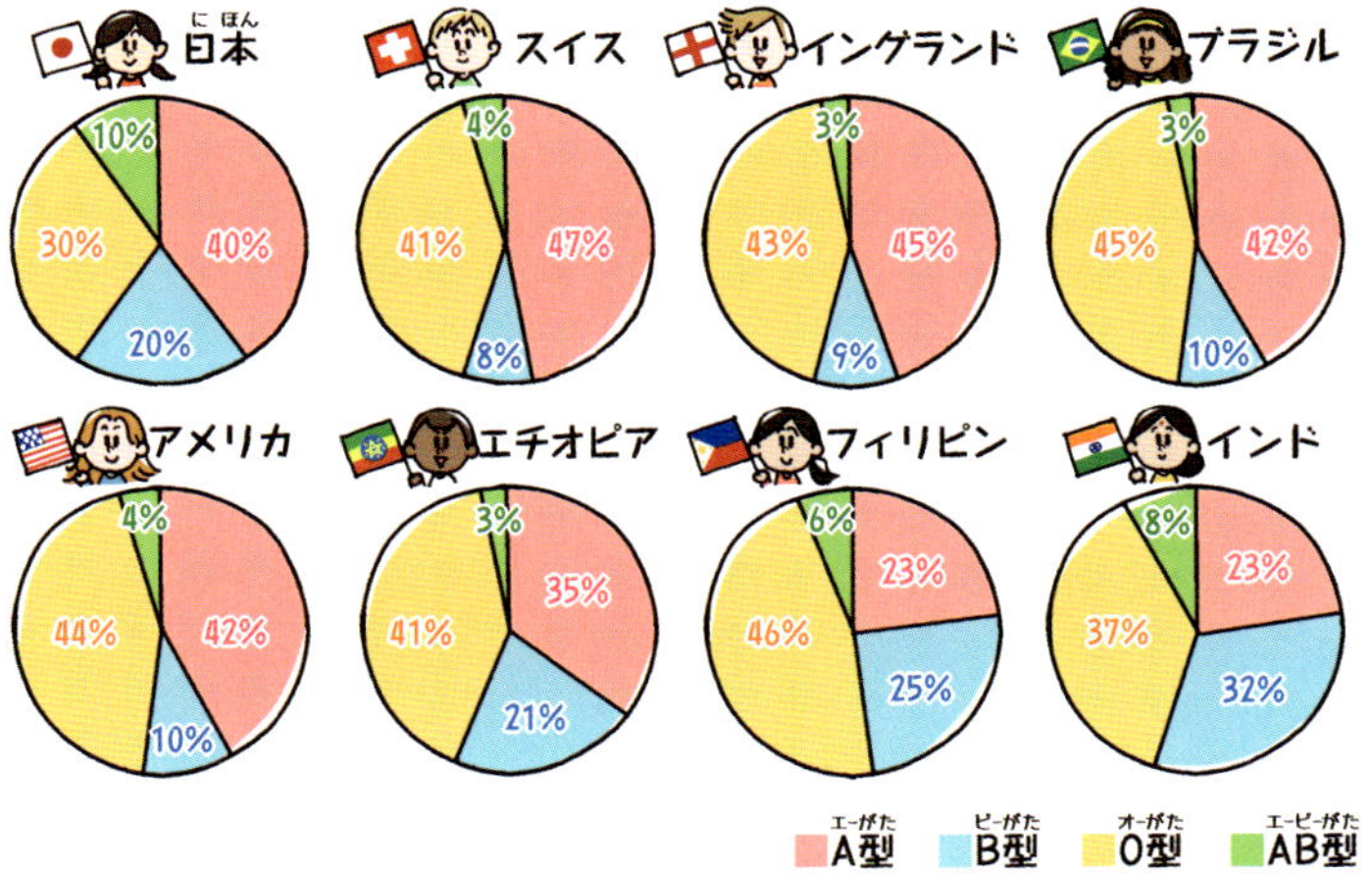

国《くに》ごとのABO式血液型《エービーオーしきけつえきがた》の割合《わりあい》（文献《ぶんけん》6、13～17より）

ABO式血液型《エービーオーしきけつえきがた》はどうやって調《しら》べるの？

ABO式血液型《エービーオーしきけつえきがた》を調《しら》べるには次《つぎ》の2つの方《ほう》法《ほう》があります。

おもて試験《しけん》

ABO式血液型《エービーオーしきけつえきがた》では、赤血球《せっけっきゅう》にA抗原《エーこうげん》をもっている人《ひと》をA型《エーがた》、B抗原《ビーこうげん》をもっている人《ひと》をB型《ビーがた》、A抗原《エーこうげん》もB抗原《ビーこうげん》も両方《りょうほう》もっていない人《ひと》をO型《オーがた》、A抗原《エーこうげん》とB抗原《ビーこうげん》の両方《りょうほう》をもっている人《ひと》をAB型《エービーがた》、というように分《わ》けられています。これらの血液型抗原《けつえきがたこうげん》をもっているかもっていないかは、特別《とくべつ》な抗体《こうたい》（抗A抗体《こうエーこうたい》、抗B抗体《こうビーこうたい》）を使《つか》って調《しら》べます。この検査《けんさ》は「おも

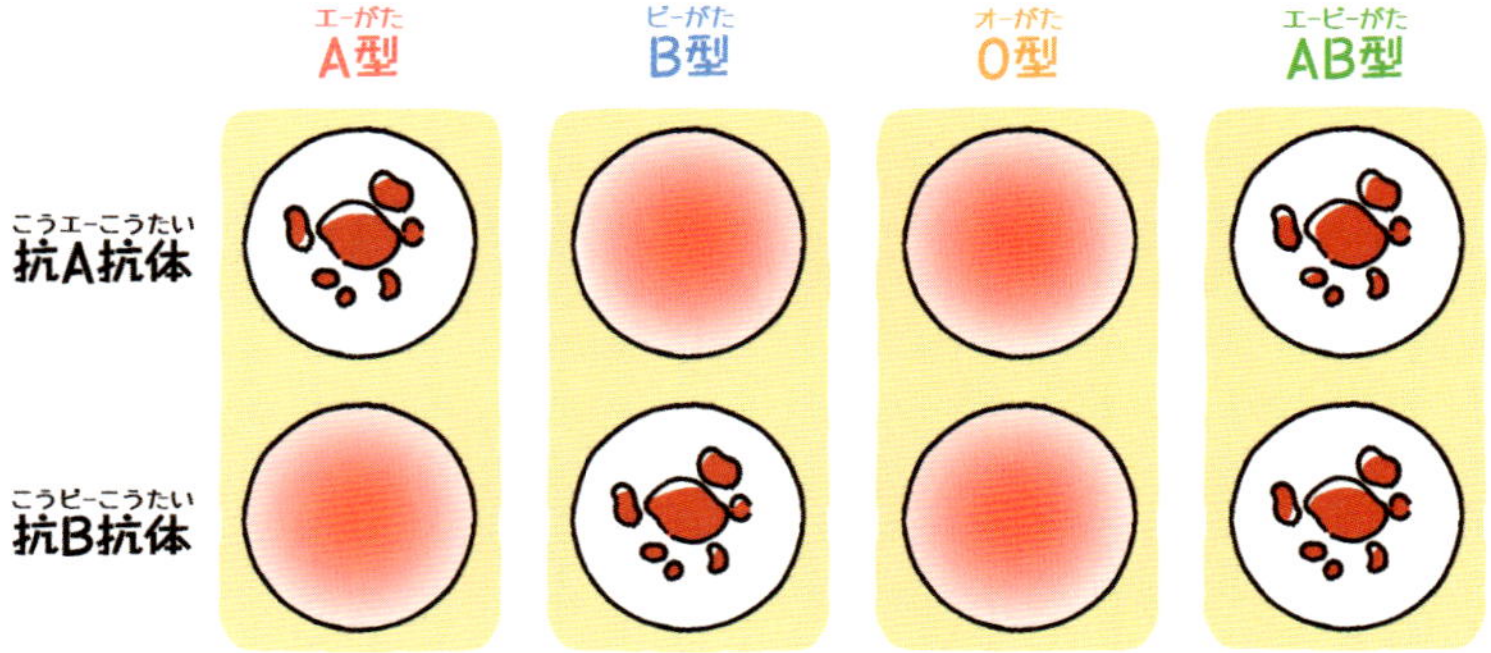

ABO式血液型《エービーオーしきけつえきがた》の判定像《はんていぞう》（おもて試験《しけん》）

縦《たて》は、それぞれ同《おな》じ人《ひと》の赤血球《せっけっきゅう》。上《うえ》の段《だん》には抗A抗体《こうエーこうたい》、下《した》の段《だん》には抗B抗体《こうビーこうたい》を混《ま》ぜている。赤血球《せっけっきゅう》が集《あつ》まっているように見《み》えるのは凝集《ぎょうしゅう》している状態《じょうたい》

て試験《しけん》」と呼《よ》ばれています。

この検査《けんさ》では、特別《とくべつ》な抗体《こうたい》と赤血球《せっけっきゅう》を混《ま》ぜ合《あ》わせて凝集《ぎょうしゅう》するかしないかの結果《けっか》から、血《けつ》液型《えきがた》を見分《みわ》けています。たとえば、A型《エーがた》では、抗A抗体《こうエーこうたい》と赤血球《せっけっきゅう》が混《ま》ざると凝集《ぎょうしゅう》しますが、抗B抗体《こうビーこうたい》とは凝集《ぎょうしゅう》しません。つまりA型《エーがた》の赤《せっ》血球《けっきゅう》はA抗原《エーこうげん》をもっていて、B抗原《ビーこうげん》はもっていない、ということがわかるのです。

うら試験《しけん》

ABO式血液型《エービーオーしきけつえきがた》は、赤血球《せっけっきゅう》だけでなく血漿《けっしょう》からも調《しら》べることができます。その理由《りゆう》は、人《ひと》は生《う》まれつき自分《じぶん》の血液型抗原《けつえきがたこうげん》に対《たい》する抗《こう》体《たい》はもっていませんが、自分《じぶん》の血液型《けつえきがた》でない抗原《こうげん》に対《たい》する抗体《こうたい》をもっているからです。つまり、A型《エーがた》の人《ひと》は抗《こう》B《ビー》抗体《こうたい》、B型《ビーがた》の人《ひと》は抗《こう》A《エー》抗体《こうたい》、O型《オーがた》の人《ひと》は抗《こう》A《エー》抗体《こうたい》と抗《こう》B《ビー》抗体《こうたい》の両方《りょうほう》を血漿中《けっしょうちゅう》にもっています。この生《う》まれつきもっている抗体《こうたい》を「自然抗体《しぜんこうたい》」と呼《よ》びます。

血漿中《けっしょうちゅう》にどの抗体《こうたい》が存在《そんざい》するかは、A型《エーがた》とB型《ビーがた》の赤血球《せっけっきゅう》を使《つか》ってそれぞれの血漿《けっしょう》と混《ま》ぜ合《あ》わせ、凝集《ぎょうしゅう》が起《お》きるかどうかを見《み》て調《しら》べます。この検査《けんさ》は「うら試験《しけん》」と呼《よ》ばれています。

このように自然抗体《しぜんこうたい》があることで、自分《じぶん》とは違《ちが》う血液型《けつえきがた》の血液《けつえき》を輸血《ゆけつ》すると、血液《けつえき》のなかにいる白血球《はっけっきゅう》は、輸血《ゆけつ》された赤血球《せっけっきゅう》を異物《いぶつ》(敵《てき》)と勘違《かんちが》いしてやっつけようとします。その結果《けっか》、赤血球《せっけっきゅう》がこわれる「溶血《ようけつ》」という現象《げんしょう》が起《お》きてしまいます。そうならないように、輸血《ゆけつ》の前《まえ》にはおもて試験《しけん》とうら試験《しけん》の両方《りょうほう》を

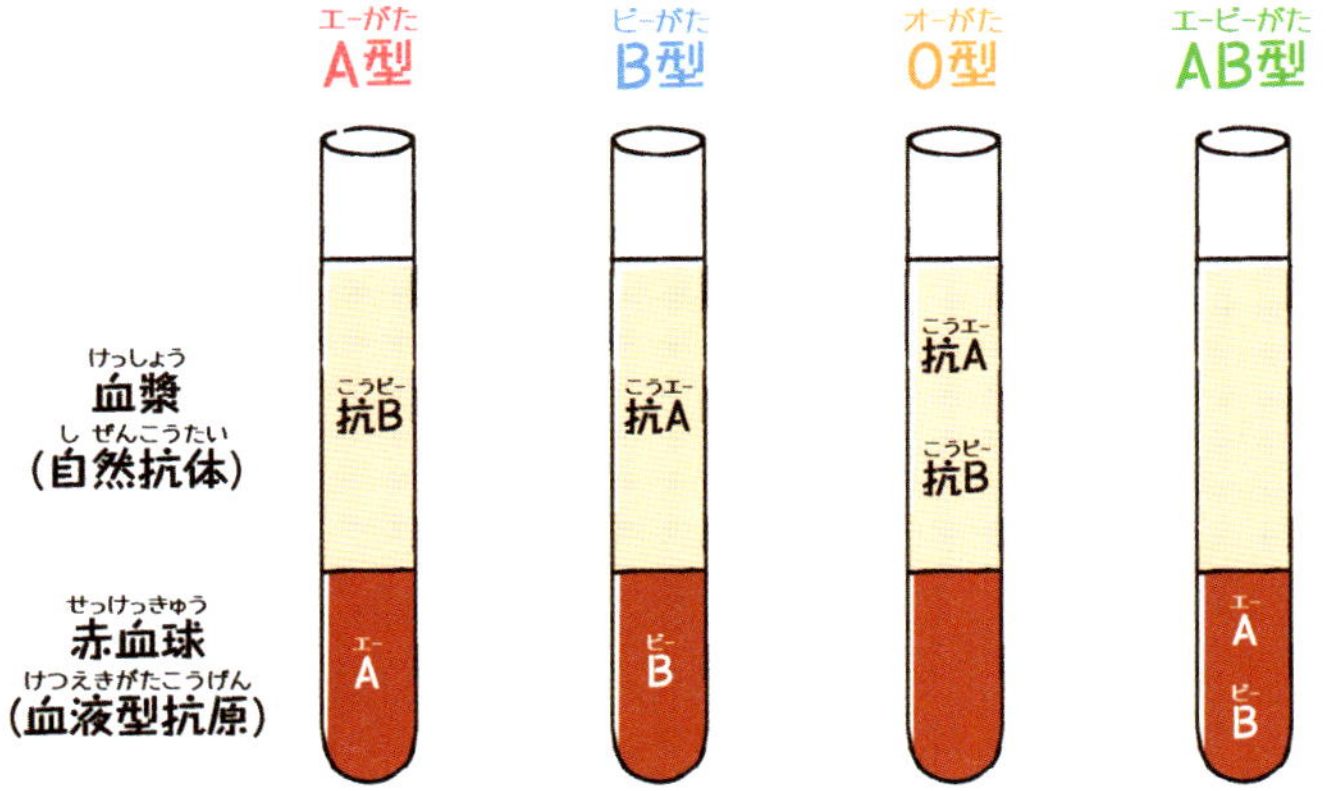

ABO式血液型《エービーオーしきけつえきがた》の血液型抗原《けつえきがたこうげん》と自然抗体《しぜんこうたい》

O型《オーがた》はA《エー》抗原《こうげん》もB抗原《ビーこうげん》ももっていない。AB型《エービーがた》は自然抗体《しぜんこうたい》をもっていない

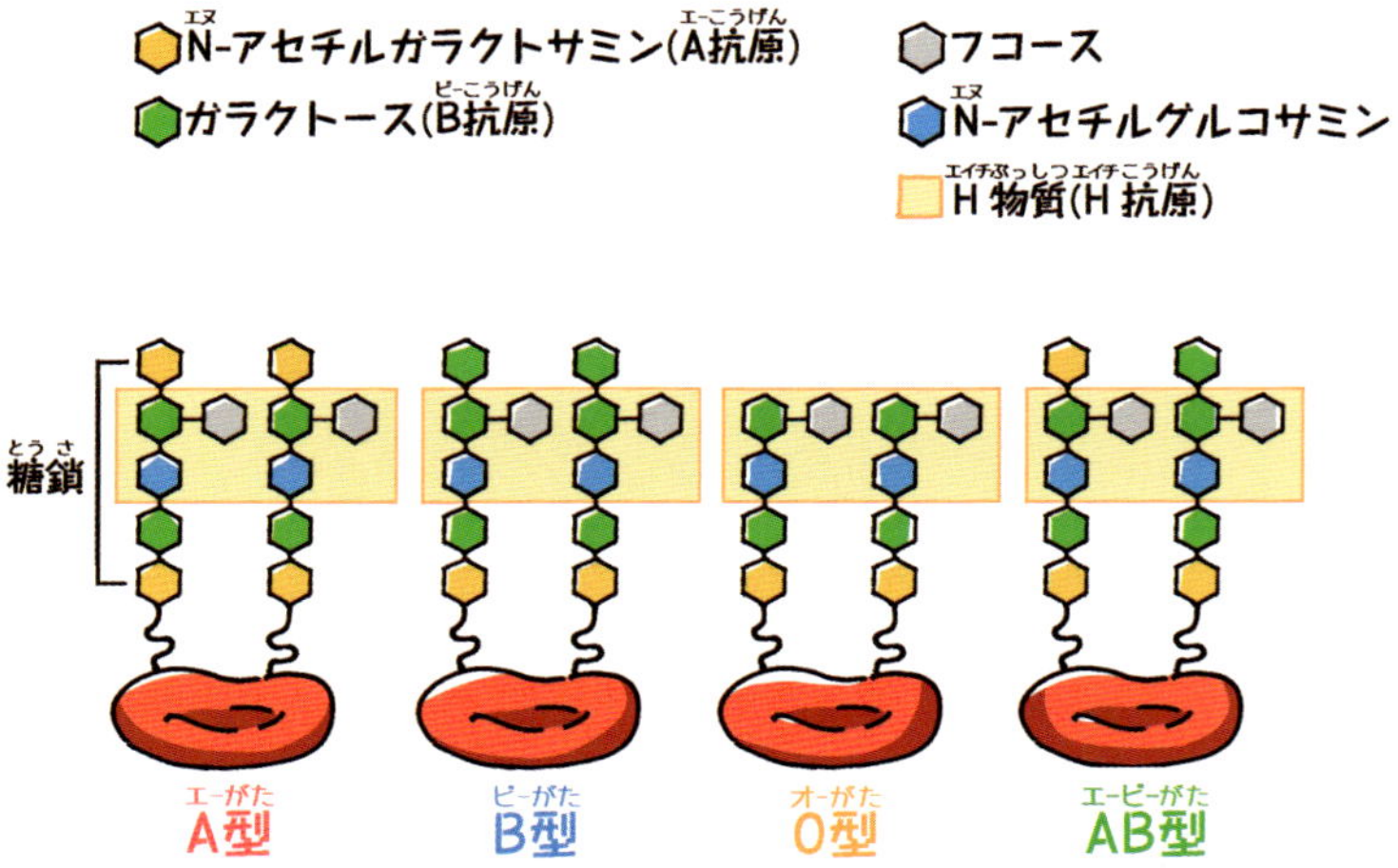

ABO式血液型《エービーオーしきけつえきがた》のしくみ

おこなって血液型《けつえきがた》をしっかりと判定《はんてい》し、同《おな》じABO式血液型《エービーオーしきけつえきがた》であることを確認《かくにん》します。

ABO式血液型《エービーオーしきけつえきがた》のしくみ

ここからはABO式血液型《エービーオーしきけつえきがた》にかかわる血液型抗原《けつえきがたこうげん》の本体《ほんたい》についてお話《はなし》します。ABO式《エービーオーしき》血液型《けつえきがた》は、赤血球《せっけっきゅう》の表面《ひょうめん》にある血液型抗原《けつえきがたこうげん》の種類《しゅるい》から血液《けつえき》を4つの型《かた》（タイプ）に分《わ》ける方法《ほうほう》です。血液型抗原《けつえきがたこうげん》は糖鎖《とうさ》（糖《とう》が鎖《くさり》のようにつながったもの）によってつくられていて、この糖鎖《とうさ》の違《ちが》いでABO式血液型《エービーオーしきけつえきがた》が決《き》められています。A抗原《エーこうげん》とB抗原《ビーこうげん》の違《ちが》いは、糖鎖《とうさ》の先端部分《せんたんぶぶん》にあるたったひとつの糖《とう》の種類《しゅるい》です。A抗原《エーこうげん》はN《エヌ》-アセチルガラクトサミン、

B《ビー》抗原《こうげん》はガラクトースという糖《とう》が糖鎖《とうさ》の先端《せんたん》にあります。この糖鎖《とうさ》の形《かたち》を決《き》めているのは、A《エー》遺伝子《いでんし》、B《ビー》遺伝子《いでんし》、O《オー》遺伝子《いでんし》です。

ABO式血液型《エービーオーしきけつえきがた》の4つのタイプの血液型抗原《けつえきがたこうげん》のしくみを見《み》てみましょう。A型《エーがた》は、A遺伝子《エーいでんし》のはたらきによりH物質《エイチぶっしつ》（O型《オーがた》の糖鎖《とうさ》）にN《エヌ》－アセチルガラクトサミンがつけられ、A抗原《エーこうげん》をつくります。B型《ビーがた》は、B遺伝子《ビーいでんし》のはたらきによりH物質《エイチぶっしつ》にガラクトースがつけられ、B抗原《ビーこうげん》をつくります。AB型《エービーがた》は、A遺伝子《エーいでんし》とB遺伝子《ビーいでんし》のどちらももっているので、N《エヌ》－アセチルガラクトサミンとガラクトースの両方《りょうほう》が赤血球《せっけっきゅう》の表面《ひょうめん》にあります。O型《オーがた》はO遺伝子《オーいでんし》をもっていますが、O遺伝子《オーいでんし》はH物質《エイチぶっしつ》に糖鎖《とうさ》をつけることができないので、H物質《エイチぶっしつ》のみをもっています。ちなみに、ABO式血液型《エービーオーしきけつえきがた》と遺伝子《いでんし》の関係《かんけい》をあきらかにしたのは当時《とうじ》、アメリカのワシントン大学《だいがく》にあるバイオメンブレン研究所《けんきゅうじょ》にいた日本人《にほんじん》の山本文一郎博士《やまもとふみいちろうはかせ》です。

興味深《きょうみぶか》いことにABO式血液型《エービーオーしきけつえきがた》に関《かん》する血液型抗原《けつえきがたこうげん》は、赤血球《せっけっきゅう》だけでなく、胃《い》や腸《ちょう》をはじめとする実《じつ》にさまざまな器官《きかん》の細胞《さいぼう》の表面《ひょうめん》にもあります。そのためABO式血液型《エービーオーしきけつえきがた》はABO組織血液型《エービーオーそしきけつえきがた》とも呼《よ》ばれていて、輸血《ゆけつ》だけでなく臓器《ぞうき》の移植《いしょく》などにおいても大切《たいせつ》なものなのです。

ABO式血液型《エービーオーしきけつえきがた》のまとめ

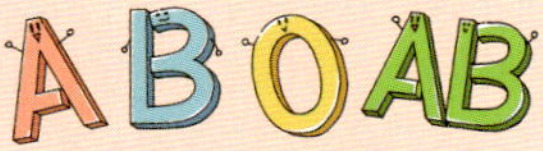

- A型《エーがた》、B型《ビーがた》、O型《オーがた》、AB型《エービーがた》の4つに分《わ》けられる
  (日本人《にほんじん》は10人中《にんちゅう》A型《エーがた》4人《にん》、O型《オーがた》3人《にん》、B型2人《ビーがたふたり》、AB型1人《エービーがたひとり》の割合《わりあい》で血液型《けつえきがた》が分《わ》かれている)
- 抗体《こうたい》（抗《こう》A《エー》抗体《こうたい》、抗《こう》B《ビー》抗体《こうたい》）と赤血球《せっけっきゅう》を混《ま》ぜ合《あ》わせる「おもて試験《しけん》」と、赤血球《せっけっきゅう》（A型《エーがた》、B型《ビーがた》）と血漿《けっしょう》を混《ま》ぜ合《あ》わせる「うら試験《しけん》」をおこなって4つの型《かた》（タイプ）に分《わ》けられる
- 赤血球《せっけっきゅう》の表面《ひょうめん》にある糖鎖《とうさ》のうち、先端《せんたん》にあるたったひとつの糖《とう》の違《ちが》いでABO式血液型《エービーオーしきけつえきがた》は決《き》められている

Rh式血液型《アールエイチしきけつえきがた》

ABO式血液型《エービーオーしきけつえきがた》の発見《はっけん》で、人《ひと》の輸血医療《ゆけついりょう》は飛躍的《ひやくてき》に進歩《しんぽ》しましたが、1939年《ねん》にレビンらは、ABO式血液型《エービーオーしきけつえきがた》が一致《いっち》した血液《けつえき》を輸《ゆ》血《けつ》しても溶血《ようけつ》してしまう患者《かんじゃ》さんを発見《はっけん》しました。この溶血《ようけつ》の原因《げんいん》にはABO式《エービーオーしき》以外《いがい》の血《けつ》液型抗原《えきがたこうげん》が関係《かんけい》していると考《かんが》えられ、さまざまな研究者《けんきゅうしゃ》によって調《しら》べられました。その後《ご》、1940年《ねん》にランドシュタイナーらは、人《ひと》と共通《きょうつう》する血液型抗原《けつえきがたこうげん》をアカゲザルの赤血《せっけっ》球《きゅう》で見《み》つけ、この血液型《けつえきがた》をアカゲザルの英名《えいめい》であるRhesus《リーサス》 monkey《モンキー》の最初《さいしょ》の2文字《もじ》をとってRh式血液型《アールエイチしきけつえきがた》と名《な》づけまし

た。このようにして、ABO式血液型《エービーオーしきけつえきがた》に加《くわ》えて、輸血《ゆけつ》で重要《じゅうよう》となるRh式血液型《アールエイチしきけつえきがた》が発見《はっけん》されました※。

Rh式血液型《アールエイチしきけつえきがた》には血液型抗原《けつえきがたこうげん》の種類《しゅるい》が50個《こ》以上《いじょう》もあり、人《ひと》の血液型《けつえきがた》のなかでもっとも複《ふく》雑《ざつ》で多様《たよう》です。みなさんは、Rh《アールエイチ》プラス（陽《よう》性《せい》）やRh《アールエイチ》マイナス（陰性《いんせい》）などRh式血液《アールエイチしきけつえき》型《がた》の分類《ぶんるい》を聞《き》いたことがあると思《おも》います。プラスやマイナスというのは、RhD《アールエイチディー》という種《しゅ》類《るい》の血液型抗原《けつえきがたこうげん》があるかないかを意味《いみ》します。RhD抗原《アールエイチディーこうげん》はRh式血液型《アールエイチしきけつえきがた》のなかでもっとも輸血《ゆけつ》に重要《じゅうよう》な血液型抗原《けつえきがたこうげん》なのです。赤血《せっけつ》球《きゅう》は、ほかの細胞《さいぼう》と同《おな》じように表面《ひょうめん》を膜《まく》でおおわれています。この膜《まく》を12回貫通《かいかんつう》してできたRhD《アールエイチディー》タンパク質《しつ》の上《うえ》にRhD抗原《アールエイチディーこうげん》は存在《そんざい》

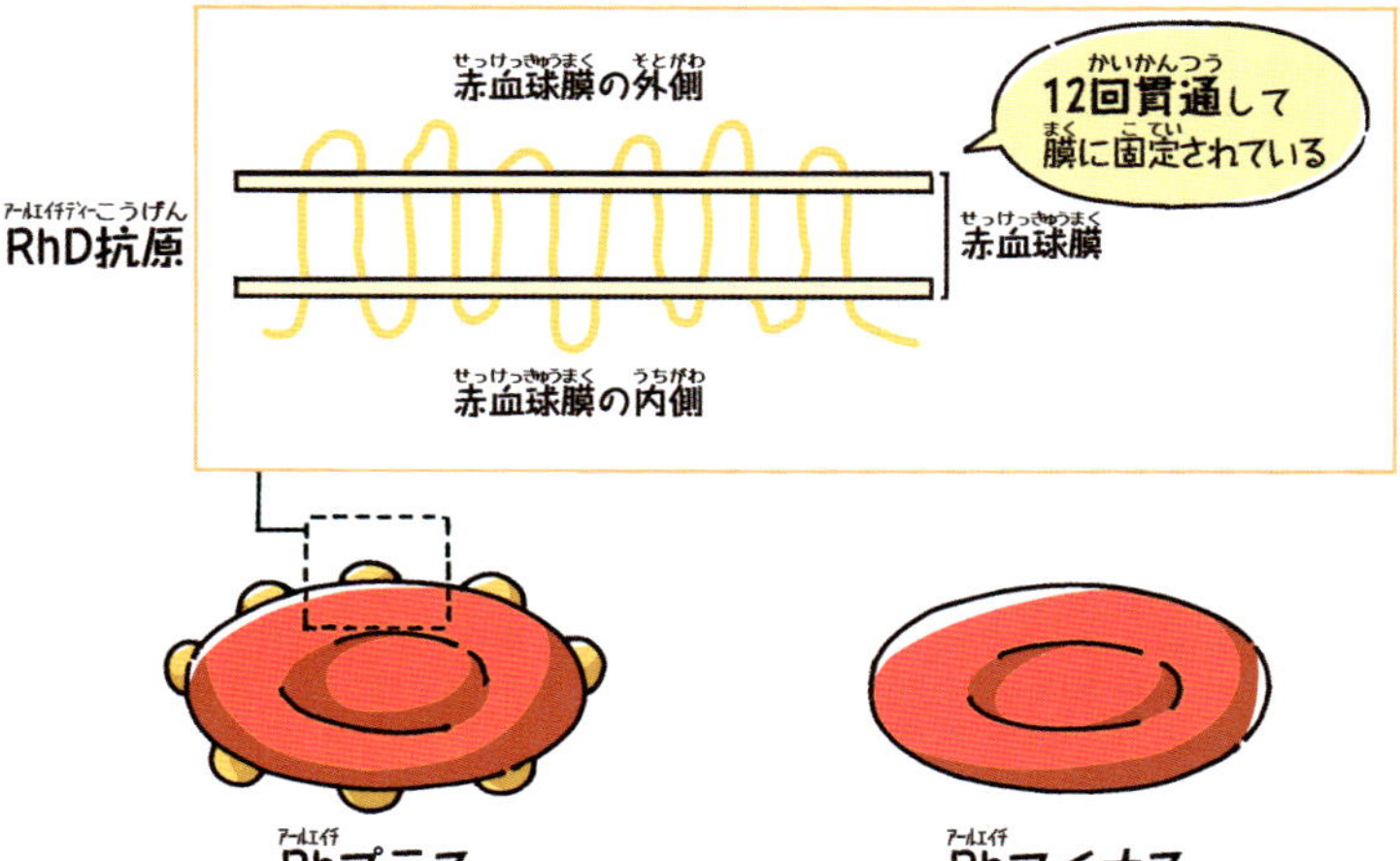

Rh式血液型《アールエイチしきけつえきがた》のしくみ

抗RhD抗体《こうアールエイチディーこうたい》と赤血球《せっけっきゅう》を混《ま》ぜ合《あ》わせると…

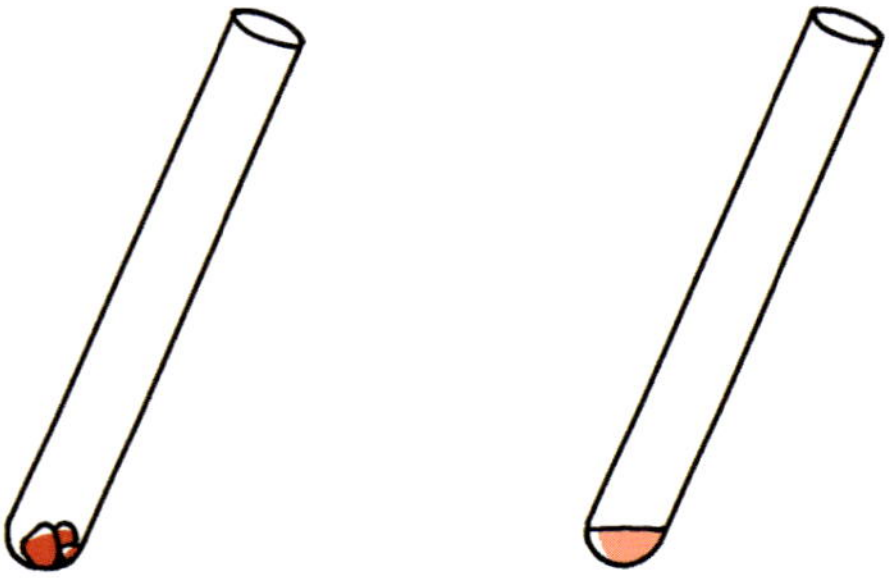

凝集《ぎょうしゅう》していると
Rh《アールエイチ》プラス

凝集《ぎょうしゅう》していないと
Rh《アールエイチ》マイナス

Rh式血液型《アールエイチしきけつえきがた》の判定《はんてい》(試験管法《しけんかんほう》)

するので、RhD《アールエイチディー》タンパク質《しつ》をもっていれば、Rh《アールエイチ》プラス、もっていなければRh《アールエイチ》マイナスになります。

※当時《とうじ》は、１９３９年《ねん》に見《み》つかった溶血《ようけつ》の原因《げんいん》となった血液型抗原《けつえきがたこうげん》と、１９４０年《ねん》のアカゲザルの研究《けんきゅう》で見《み》つかった血液型抗原《けつえきがたこうげん》は同《おな》じものとされていましたが、のちに別《べつ》なものであったことがわかっています。

Rh式血液型《アールエイチしきけつえきがた》はどうやって調《しら》べるの？

Rh《アールエイチ》プラスかマイナスかは、RhD抗原《アールエイチディーこうげん》と凝集《ぎょうしゅう》する抗RhD抗体《こうアールエイチディーこうたい》を使《つか》って調《しら》べます。日本人《にほんじん》はRh《アールエイチ》プラスの人《ひと》が99・5％、Rh《アールエイチ》マイナスの人《ひと》は０・５％（２００人《にん》に１人《ひとり》）の割合《わりあい》で

Rh《アールエイチ》式血液型《しきけつえきがた》のまとめ

・ABO《エービーオー》式血液型《しきけつえきがた》に加《くわ》えて、輸血《ゆけつ》に重要《じゅうよう》な血液型《けつえきがた》
・RhD《アールエイチディー》という血液型抗原《けつえきがたこうげん》があるかどうか（プラスかマイナスか）を、抗《こう》原《げん》と抗体《こうたい》を使《つか》って調《しら》べる
・日本《にほん》にはRh《アールエイチ》マイナスの人《ひと》が200人《にん》に1人《ひとり》の割合《わりあい》でいる
・ABO《エービーオー》式血液型《しきけつえきがた》だけでなく、Rh式血液型《アールエイチしきけつえきがた》も同《おな》じでなければ輸血《ゆけつ》はできない

います。それに比《くら》べて欧米人《おうべいじん》は、Rh《アールエイチ》マイナスの人《ひと》が30倍《ばい》多《おお》く15%もいます。
輸血《ゆけつ》をするときはRh《アールエイチ》マイナスの人《ひと》にはR《アール》h《エイチ》マイナスの血液《けつえき》が、Rh《アールエイチ》プラスの人《ひと》にはR《アール》h《エイチ》プラスの血液《けつえき》が使《つか》われます。つまり輸血《ゆけつ》では、ABO式《エービーオーしき》もRh式《アールエイチしき》も同《おな》じ血液型《けつえきがた》どうしで輸血《ゆけつ》をおこないます。

番号《ばんごう》	血液型《けつえきがた》
001	ABO（エービーオー）
002	MNS（エムエヌエス）
003	P1PK（ピーワンピーケー）
004	Rh（アールエイチ）
005	Lutheran（ルセラン）
006	Kell（ケル）
007	Lewis（ルイス）
008	Duffy（ダフィー）
009	Kidd（キッド）
010	Diego（ディエゴ）
011	Yt（ワイティー）
012	Xg（エックスジー）
013	Scianna（シアンナ）
014	Dombrock（ドンブロック）

番号《ばんごう》	血液型《けつえきがた》
015	Colton（コルトン）
016	Landsteiner-Wiener（ランドシュタイナー - ウィーナー）
017	Chido/Rodgers（シド / ロジャース）
018	H（エイチ）
019	Kx（ケーエックス）
020	Gerbich（ジェルビッチ）
021	Cromer（クロマー）
022	Knops（ノップ）
023	Indian（インディアン）
024	Ok（オーケー）
025	Raph（ラフ）
026	John Milton Hagen（ジョン・ミルトン・ハーゲン）
027	I（アイ）

番号《ばんごう》	血液型《けつえきがた》
028	Globoside（グロボシド）
029	Gill（ギル）
030	Rh-associated glycoprotein（アールエイチ - アソシエイテッド グリコプロテイン）
031	FORS（フォルス）
032	JR（ジェーアール）
033	LAN（ラン）
034	Vel（ベル）
035	CD59（シーディーフィフティーナイン）
036	Augustine（オーガスチン）

国際輸血学会《こくさいゆけつがっかい》によって分類《ぶんるい》されている赤血球《せっけっきゅう》の血液型《けつえきがた》（文献《ぶんけん》8より）

血液型《けつえきがた》の種類《しゅるい》

さて、ここまでABO《エービーオー》式血液型《しきけつえきがた》とRh式血《アールエイチしきけつ》液型《えきがた》についてお話《はなし》してきましたが、この2つのほかにもたくさんの血液型《けつえきがた》が発見《はっけん》されています。赤血球《せっけっきゅう》の血液型《けつえきがた》は国際輸血学会《こくさいゆけつがっかい》によって分類《ぶんるい》・整理《せいり》されています。現在《げんざい》、赤血球《せっけっきゅう》の血液型《けつえきがた》は36個《こ》あります。輸血《ゆけつ》では、ABO式《エービーオーしき》とRh式《アールエイチしき》の2つの血液型《けつえきがた》が重要《じゅうよう》になりますが、さまざまな種類《しゅるい》の血液型《けつえきがた》が個体識別《こたいしきべつ》（個《こ》体《たい》を区別《くべつ》すること）、卵性診断《らんせいしんだん》（双子《ふたご》が一卵《いちらん》性《せい》なのか二卵性《にらんせい》なのかを調《しら》べる検査《けんさ》）、犯罪《はんざい》捜査《そうさ》、親子鑑定《おやこかんてい》、人類遺伝学《じんるいいでんがく》や病気《びょうき》との関連《かんれん》など、幅広《はばひろ》い領域《りょういき》で利用《りよう》されています。最近《さいきん》

	A型《エーがた》	B型《ビーがた》	O型《オーがた》	AB型《エービーがた》
胃潰瘍《いかいよう》・十二指腸潰瘍《じゅうにしちょうかいよう》			なりやすい	
ノロウイルス			かかりやすい	
胃《い》がん	なりやすい			
エコノミークラス症候群《しょうこうぐん》	なりやすい	なりやすい		なりやすい
脳性《のうせい》マラリア	かかりやすい			

ABO式血液型《エービーオーしきけつえきがた》と病気《びょうき》との関係《かんけい》（文献《ぶんけん》6をもとに作成《さくせい》）

は、血液型《けつえきがた》のほかにDNA《ディーエヌエー》（29ページ）の違《ちが》いをもとにしたDNA型《ディーエヌエーがた》も利用《りよう》されています。

血液型《けつえきがた》と病気《びょうき》の関連性《かんれんせい》

ABO式血液型《エービーオーしきけつえきがた》と病気《びょうき》

がん、循環器病《じゅんかんきびょう》、感染症《かんせんしょう》などいくつかの病気《びょうき》にABO式血液型《エービーオーしきけつえきがた》が関連《かんれん》していることがわかっています。たとえばA型《エーがた》の人《ひと》は、胃《い》のがんや脳性《のうせい》マラリアにかかりやすいといわれています。ほかに、O型《オーがた》の人《ひと》は胃潰瘍《いかいよう》や十二指腸潰瘍《じゅうにしちょうかいよう》、ノロウイルスにかかりやすい、またエコノミークラス症候群《しょうこうぐん》にはO型《オーがた》以外《いがい》の人《ひと》がなりやすい、などが挙《あ》げられます。ただし、これらは特定《とくてい》の血液型《けつえきがた》でかならずかかる病《びょう》気《き》、ということではありません。

Duffy《ダフィー》式《しき》血液型《けつえきがた》と三日熱《みっかねつ》マラリア

三日熱《みっかねつ》マラリアは、三日熱《みっかねつ》マラリア原虫《げんちゅう》という寄生虫《きせいちゅう》が体《からだ》のなかに侵入《しんにゅう》すること（感《かん》染《せん》）で起《お》こる病気《びょうき》です。この原虫《げんちゅう》は、人《ひと》の赤《せっ》血球表面《けっきゅうひょうめん》にあるFy《エフワイ》（a《エー》）抗原《こうげん》とFy《エフワイ》（b《ビー》）抗《こう》原《げん》という2つのDuffy《ダフィー》式血液型《しきけつえきがた》の血液型《けつえきがた》抗原《こうげん》に結合《けつごう》して、赤血球《せっけっきゅう》のなかで増《ふ》えて体《からだ》に悪《わる》さをします。

日本人《にほんじん》はFy《エフワイ》（a《エー》）抗原《こうげん》とFy《エフワイ》（b《ビー》）抗原《こうげん》のどちらか、あるいは両方《りょうほう》の血液型抗原《けつえきがたこうげん》をもっているので、三日熱《みっかねつ》マラリアにかかる危険性《きけんせい》が高《たか》いのですが、アフリカの民族《みんぞく》はFy《エフワイ》（a《エー》）抗《こう》原《げん》とFy《エフワイ》（b《ビー》）抗原《こうげん》のどちらももっていないFy《エフワイ》（a《エー》マイナスb《ビー》マイナス）の血液型《けつえきがた》の人《ひと》が多《おお》く、ほかの民族《みんぞく》に比《くら》べて三日熱《みっかねつ》マラリアにかかりにくいことがわかっています。

血液型《けつえきがた》と妊娠《にんしん》

ABO《エービーオー》式血液型《しきけつえきがた》やRh《アールエイチ》式血液型《しきけつえきがた》で、妊娠《にんしん》したお母《かあ》さんとお腹《なか》のなかにいる赤《あか》ちゃん（胎《たい》児《じ》）の血液型《けつえきがた》が違《ちが》うことがあります。また血《けつ》液型《えきがた》の組《く》み合《あ》わせによっては、お母《かあ》さんの体《からだ》のなかに赤《あか》ちゃんの血液型抗原《けつえきがたこうげん》に対《たい》する抗体《こうたい》

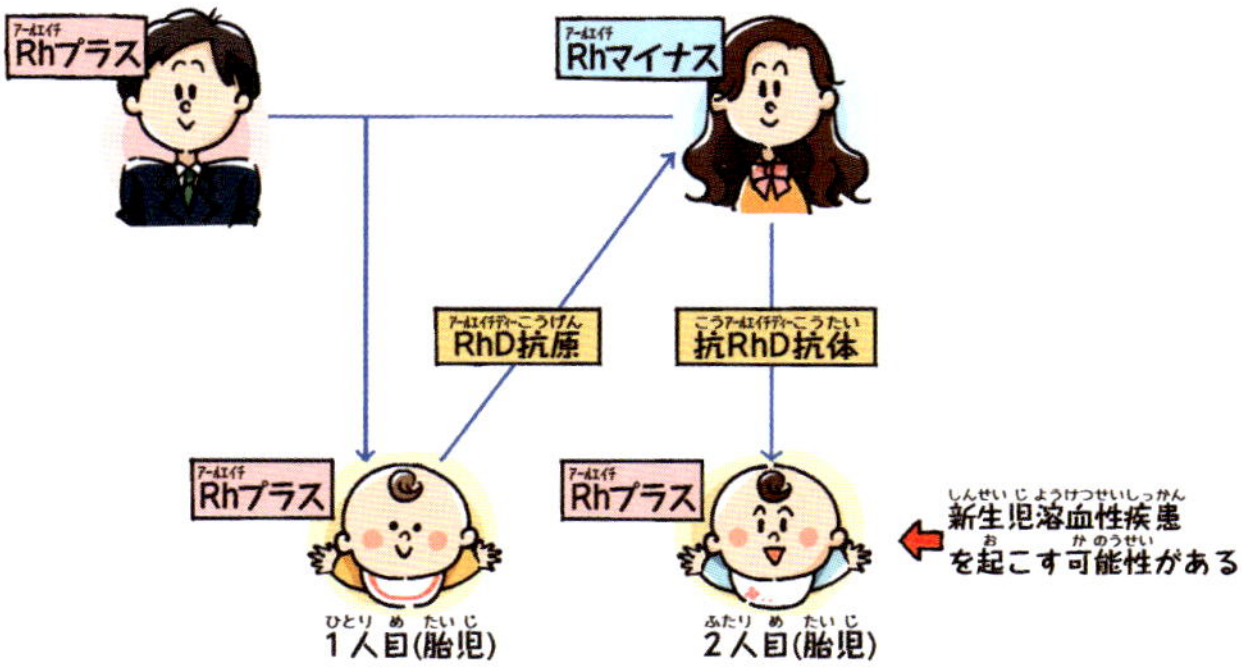

Rh《アールエイチ》式血液型《しきけつえきがた》と妊娠《にんしん》の関係《かんけい》

お母《かあ》さん(Rh《アールエイチ》マイナス）と胎児《たいじ》(Rh《アールエイチ》プラス)の場合《ばあい》、1人目《ひとりめ》の妊娠《にんしん》でお母《かあ》さんの体内《たいない》に胎児《たいじ》の血液型《けつえきがた》に対《たい》する抗体《こうたい》(抗《こう》Rh《アールエイチ》抗体《こうたい》)がつくられる(Rh《アールエイチ》式血液型不適合妊娠《しきけつえきがたふてきごうにんしん》)。そしてその抗体《こうたい》が2人目《ふたりめ》の胎児《たいじ》の赤血球《せっけっきゅう》(Rh《アールエイチ》プラス)と結合《けつごう》し、新生児溶血性疾患《しんせいじようけつせいしっかん》を起《お》こす可能性《かのうせい》がある

ができることがあり、これらを「血液型不適《けつえきがたふてき》合妊娠《ごうにんしん》」といいます。

たとえば、Rh《アールエイチ》マイナスのお母《かあ》さんからRh《アールエイチ》プラスの赤《あか》ちゃんが1人目《ひとりめ》に生《う》まれ、その後《ご》2人目《ふたりめ》を妊娠《にんしん》したとき、その赤《あか》ちゃんもRh《アールエイチ》プラスだったとします。この場合《ばあい》、お母《かあ》さんの体《からだ》のなかに赤《あか》ちゃんの血液型抗原《けつえきがたこうげん》に対《たい》する抗体《こうたい》ができていると、赤《あか》ちゃんがさまざまな影響《えいきょう》を受《う》ける可能性《かのうせい》があります（新生児《しんせいじ》溶血性疾患《ようけつせいしっかん》）。血液型《けつえきがた》を調《しら》べることはお母《かあ》さんと赤《あか》ちゃんを守《まも》ることにもつながっているのです。

第《だい》2章《しょう》

動物《どうぶつ》たちの血液型《けつえきがた》

　動物《どうぶつ》は種《しゅ》ごとに特徴的《とくちょうてき》な血液型《けつえきがた》をもっています。動物《どうぶつ》たちの血液型《けつえきがた》が発見《はっけん》されたのは、多《おお》くが 1900 年代《ねんだい》の前半《ぜんはん》です。動物《どうぶつ》たちの血液型《けつえきがた》の発見《はっけん》も、人《ひと》と同《おな》じように個体《こたい》どうしの赤血球《せっけっきゅう》が凝集《ぎょうしゅう》するかしないかを調《しら》べることからはじまっています。

　ここでは動物《どうぶつ》たちの血液型《けつえきがた》をご紹介《しょうかい》します。

動物《どうぶつ》たちにも血液型《けつえきがた》はある！

人《ひと》と同《おな》じように動物《どうぶつ》たちの血液型《けつえきがた》にもいろいろな種類《しゅるい》があり、それぞれの動物《どうぶつ》に独自《どくじ》の血液型《けつえきがた》が存在《そんざい》しています。

血液型《けつえきがた》システムって？

同《おな》じ遺伝子座《いでんしざ》（血液型《けつえきがた》を含《ふく》む形質《けいしつ》（10ページ）を決《き》める遺伝子《いでんし》がある場所《ばしょ》のこと）によって決定《けってい》される血液型《けつえきがた》のことを血液型《けつえきがた》システムと呼《よ》びます。第《だい》1章《しょう》でお話《はなし》した人《ひと》のABO《エービーオー》式血《しきけつ》液型《えきがた》、Rh《アールエイチ》式血液型《しきけつえきがた》は、ABO《エービーオー》血液型《けつえきがた》システム、Rh《アールエイチ》血液型《けつえきがた》システムとも呼《よ》ばれます。また人《ひと》にたくさんの血液型《けつえきがた》が存在《そんざい》するように、動物《どうぶつ》にも数種類《すうしゅるい》から十数種類《じゅうすうしゅるい》の血液型《けつえきがた》があります。

さらにそれぞれの血液型《けつえきがた》システムには、いくつかの血液型抗原《けつえきがたこうげん》が存在《そんざい》します。ABO式《エービーオーしき》血液型《けつえきがた》でいえば、A抗原《エーこうげん》とB抗原《ビーこうげん》に似《に》たものです。動物《どうぶつ》によっては血液型抗原《けつえきがたこうげん》を因子《いんし》とも呼《よ》ぶのですが、ここではすべて「血液型抗原《けつえきがたこうげん》（型《かた》）」として説明《せつめい》します。

遺伝子《いでんし》と血液型抗原《けつえきがたこうげん》

血液型《けつえきがた》は遺伝子《いでんし》によって決《き》められています。そのなかにある血液型抗原《けつえきがたこうげん》は、同《おな》じ遺伝子座《いでんしざ》で構造《こうぞう》がすこし違《ちが》う対立遺伝子《たいりついでんし》によってつくられます。人《ひと》のABO式血液型《エービーオーしきけつえきがた》でたとえると、

A《エー》抗原《こうげん》はA《エー》対立遺伝子《たいりついでんし》、B《ビー》抗原《こうげん》はB《ビー》対立遺伝子《たいりついでんし》がつくります。そのため対立遺伝子《たいりついでんし》の数《かず》が多《おお》いほど、その血液型《けつえきがた》システムの血液型抗原《けつえきがたこうげん》(型《かた》)の数《かず》も多《おお》く、複雑《ふくざつ》になります。

遺伝的《いでんてき》な目印《めじるし》の役割《やくわり》

動物《どうぶつ》たちにもいくつもの血液型《けつえきがた》システムがあり、それぞれに複数《ふくすう》の血液型抗原《けつえきがたこうげん》や対立遺伝子《たいりついでんし》があるとわかってからは、同《おな》じ動物種《どうぶつしゅ》のなかでも個体《こたい》と個体《こたい》をある程度《ていど》区別《くべつ》できる遺伝的《いでんてき》な目印《めじるし》として、血液型《けつえきがた》は利用《りよう》されてきました。しかし、生《い》きているものすべてがもつ**遺伝《いでん》**(10ページ)の情報《じょうほう》を子孫《しそん》に伝《つた》える**DNA《ディーエヌエー》**が見《み》つかり、個体《こたい》ごとのDNA《ディーエヌエー》には違《ちが》いがあることがわかりました。それからは、遺伝的《いでんてき》な目印《めじるし》には血液型《けつえきがた》ではなく、DNA《ディーエヌエー》型《がた》(DNA《ディーエヌエー》の個体差《こたいさ》)が利用《りよう》されるようになりました。

このような科学《かがく》の進歩《しんぽ》によって、動物《どうぶつ》の血液型《けつえきがた》を検査《けんさ》する機会《きかい》はむかしよりも少《すく》なくなりました。血液型《けつえきがた》を調《しら》べる薬品《やくひん》の製産数《せいさんすう》も減《へ》り、現在《げんざい》では検査《けんさ》できる動物種《どうぶつしゅ》はそれほど多《おお》くありません。しかし、人《ひと》と同《おな》じように動物《どうぶつ》にも血液型《けつえきがた》があるのはおもしろいと思《おも》いませんか? 血液型《けつえきがた》だけでなく、体《からだ》のなかを流《なが》れる血液《けつえき》の量《りょう》、赤血球《せっけっきゅう》の数《かず》や大《おお》きさなども人《ひと》とはまったく違《ちが》うのです。

それでは動物《どうぶつ》たちの血液型《けつえきがた》について見《み》ていきましょう。

注《ちゅう》:ここでは赤血球型《せっけっきゅうがた》の血液型《けつえきがた》を中心《ちゅうしん》に紹介《しょうかい》します。

ニワトリ

体温《たいおん》▶▶▶40.6～43.0℃　寿命《じゅみょう》▶▶▶ 5～8年《ねん》

体《からだ》のなかにある血液《けつえき》の量《りょう》▶▶▶65 mL/kg

赤血球《せっけっきゅう》の数《かず》▶▶▶200万《まん》～450万個《まんこ》/μL

赤血球《せっけっきゅう》の大《おお》きさ(直径《ちょっけい》)▶▶▶12～13μm

赤血球《せっけっきゅう》の寿命《じゅみょう》▶▶▶25～35日《にち》　血液型研究《けつえきがたけんきゅう》のはじまり▶▶▶1924年《ねん》

注《ちゅう》：個体《こたい》により違《ちが》いがあります。

ニワトリにはA、B、C、D、E、H、I、J、K、L、P、R、H-i、Thの14種《しゅ》類《るい》の血液型《けつえきがた》システムがあります。これらの血《けつ》液型《えきがた》のうち、B血液型《ビーけつえきがた》システムやC血液型《シーけつえきがた》システムの血液型抗原《けつえきがたこうげん》は赤血球《せっけっきゅう》だけでなく、白血球《はっけっきゅう》でも見《み》つかっています。

B血液型《ビーけつえきがた》システムはウイルスの感染《かんせん》が原因《げんいん》で起《お》こるマレック病《びょう》と関係《かんけい》があり、とくにB《ビー》21型《がた》のニワトリはこの病気《びょうき》にかかりにくいことがわかっています。また、C血液型《シーけつえきがた》システムは毛冠《もうかん》（とさかがやや長《なが》い羽毛《うもう》でおおわれていること）や、羽毛《うもう》の色《いろ》を白《しろ》にする遺伝《いでん》子《し》などと関連《かんれん》していることがわかっています。

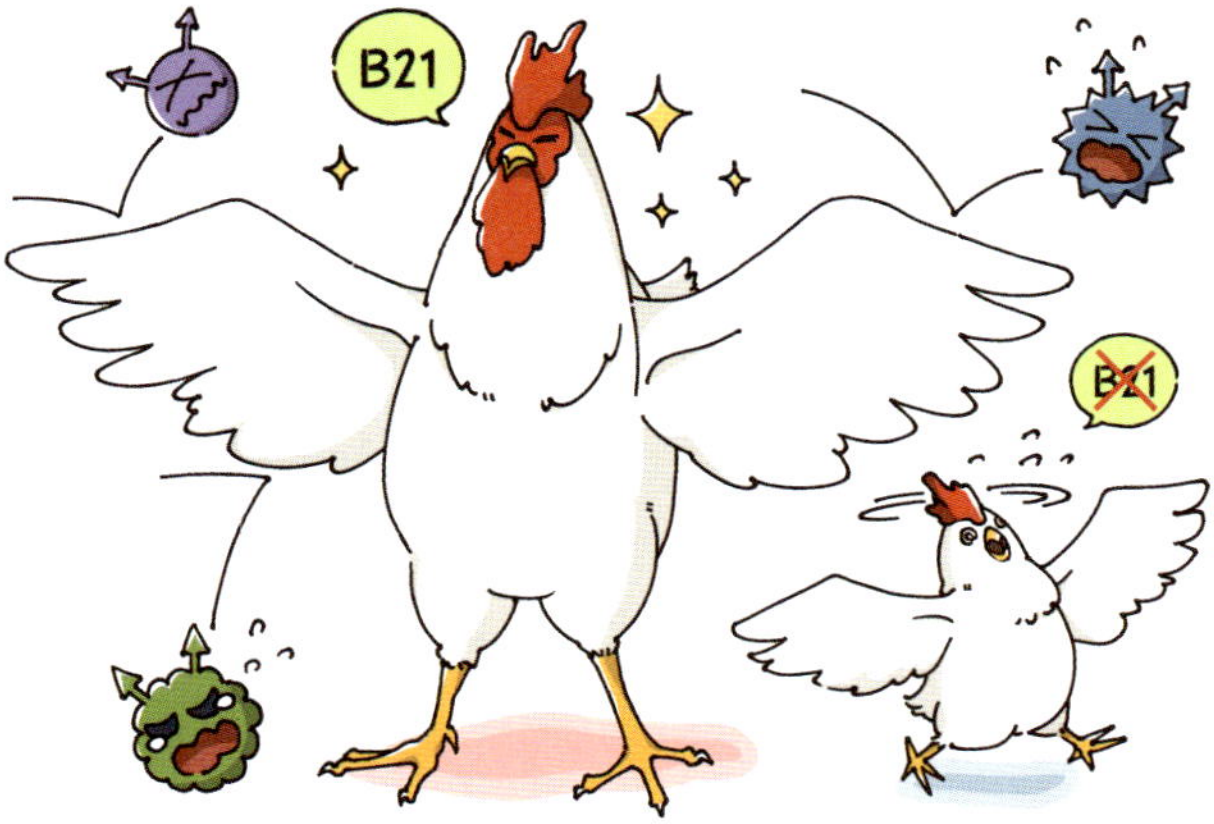

B血液型《ビーけつえきがた》システムでB《ビー》21型《がた》のニワトリはマレック病《びょう》にかかりにくい！

アヒル

体温《たいおん》▶▶▶40〜42℃　寿命《じゅみょう》▶▶▶10〜20年《ねん》

体《からだ》のなかにある血液《けつえき》の量《りょう》▶▶▶57 mL/kg

赤血球《せっけっきゅう》の数《かず》▶▶▶260万《まん》〜330万個《まんこ》/μL

赤血球《せっけっきゅう》の大《おお》きさ(直径《ちょっけい》)▶▶▶8〜12μm

赤血球《せっけっきゅう》の寿命《じゅみょう》▶▶▶42日《にち》　血液型研究《けつえきがたけんきゅう》のはじまり▶▶▶1944年《ねん》

注《ちゅう》:個体《こたい》により違《ちが》いがあります。

アヒルにはA、B、C、D、Eの5種《しゅ》類《るい》の血液型《けつえきがた》システムがあります。最初《さいしょ》に調《しら》べられたアヒルは、羽毛《うもう》がカーキ色《いろ》のカーキ・キャンベルと、羽毛《うもう》の色《いろ》が白《しろ》いペキン（いわゆる中華料理《ちゅうかりょうり》の〝北京《ペキン》ダック〟ですね）という品種《ひんしゅ》です。

C、D、Eの3つの血液型《けつえきがた》システムは、カーキ・キャンベルとペキンの両方《りょうほう》に見《み》つかっています。しかし、A血液型《エーけつえきがた》システムとB血液《ビーけつえき》型《がた》システムはカーキ・キャンベルだけに見《み》つかった血液型《けつえきがた》で、ペキンでは見《み》つかっていません。この2つの品種《ひんしゅ》で血液型《けつえきがた》に大《おお》きな違《ちが》いがあるのです。

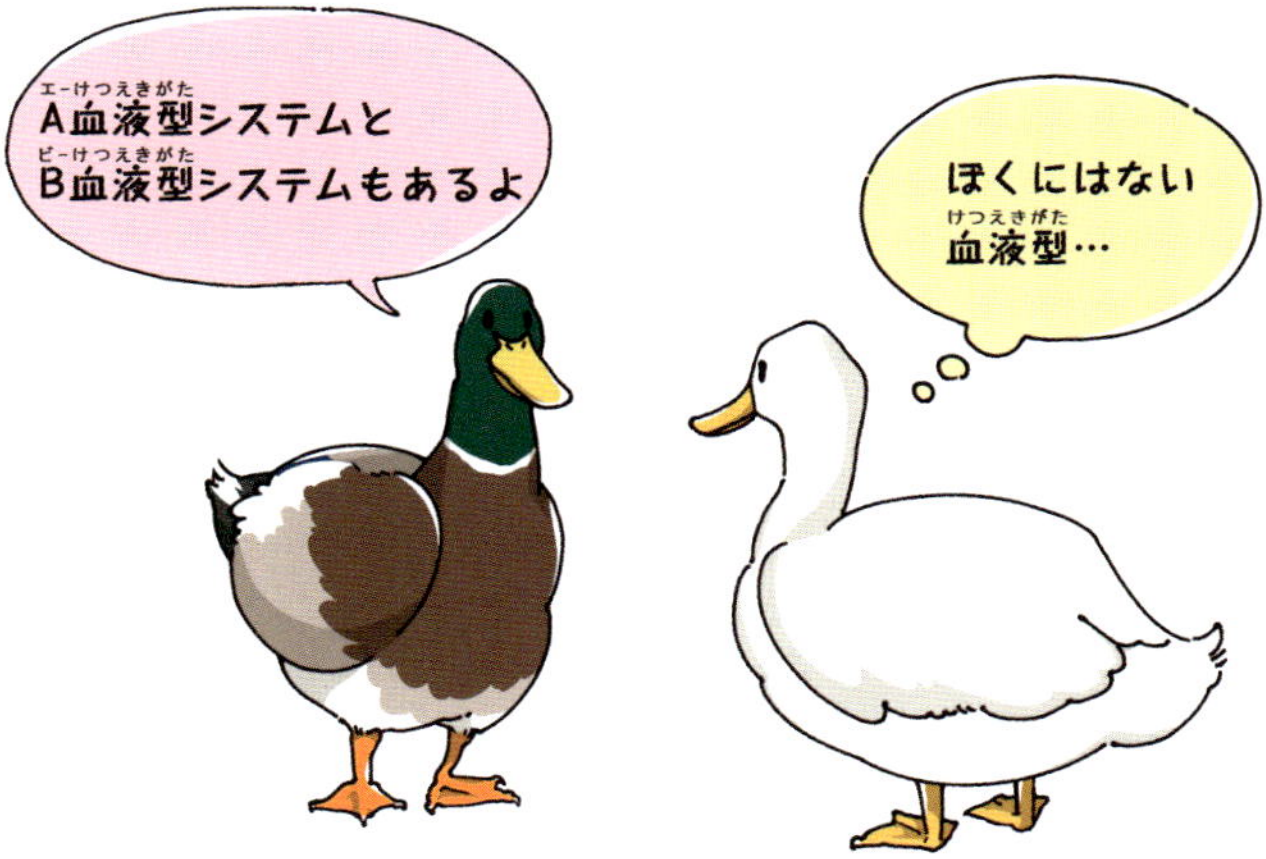

カーキ・キャンベルはA血液型《エーけつえきがた》システムとB血液型《ビーけつえきがた》システムも見《み》つかっている！

クジラ

体温《たいおん》▶▶▶ 36.6〜38.0℃　寿命《じゅみょう》▶▶▶ 35〜40年《ねん》

体《からだ》のなかにある血液《けつえき》の量《りょう》▶▶▶ 体重《たいじゅう》の約《やく》20%（ナガスクジラの体重《たいじゅう》は30〜80t）

赤血球《せっけっきゅう》の数《かず》▶▶▶ 420万《まん》〜470万個《まんこ》／μL

赤血球《せっけっきゅう》の大《おお》きさ（直径《ちょっけい》）▶▶▶ 7.0〜8.4μm

血液型研究《けつえきがたけんきゅう》のはじまり▶▶▶ 1962年《ねん》

注《ちゅう》：個体《こたい》により違《ちが》いがあります。

クジラやイルカ、オットセイなどの海《うみ》のなかで生活《せいかつ》している哺乳類《ほにゅうるい》にも血液《けつえき》型《がた》はあります。たとえば、クジラのなかで2番目《ばんめ》に大《おお》きいナガスクジラの血液型《けつえきがた》に、Ju《ジェーユー》という血液型《けつえきがた》システムがあります。このJu《ジェーユー》血液型《けつえきがた》システムで、ナガスクジラはJu《ジェーユー》1型《がた》、Ju《ジェーユー》1・2型《がた》、Ju《ジェーユー》2型《がた》の3つに分《わ》けられ、同《おな》じナガスクジラでも泳《およ》いでいる海域《かいいき》（生息域《せいそくいき》）によって、血液型《けつえきがた》の割合《わりあい》が違《ちが》うことがわかっています。Ju《ジェーユー》2血液型抗原《けつえきがたこうげん》をもつクジラ（Ju《ジェーユー》1・2型《がた》とJu《ジェーユー》2型《がた》）は、南《みなみ》アフリカ沖《おき》の南大西洋《みなみたいせいよう》に比較的《ひかくてき》多《おお》く見《み》つかっています。しかしインド洋《よう》の南西《なんせい》では、ほとんどJu《ジェーユー》2血液型抗原《けつえきがたこうげん》をもつクジラは見《み》つかっておらず、Ju《ジェーユー》1血液型抗原《けつえきがたこうげん》（Ju《ジェーユー》1型《がた》）のクジラが多《おお》いと報告《ほうこく》されています。

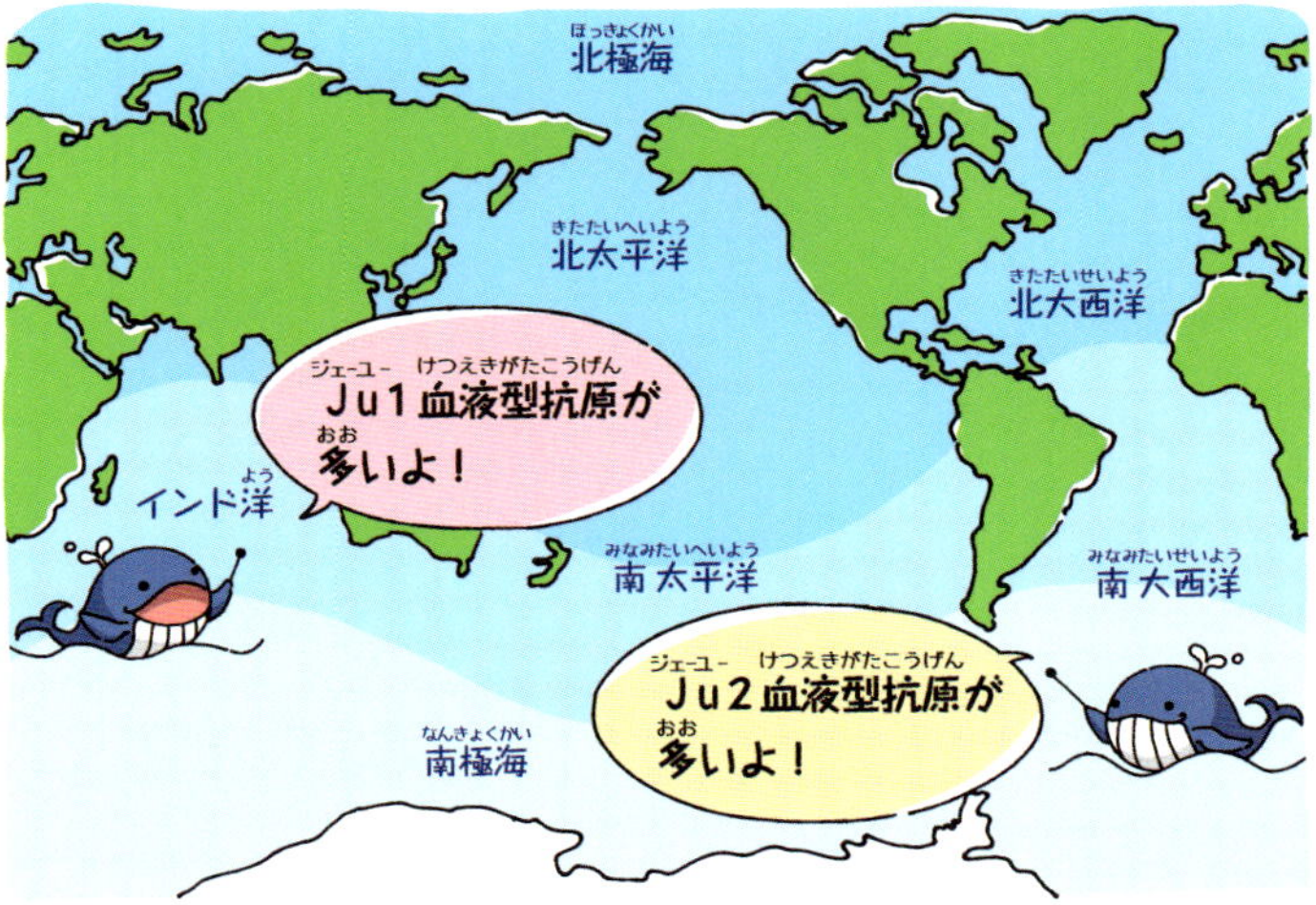

南《みなみ》アフリカ沖《おき》はJu2、インド洋《よう》はJu1のナガスクジラが多《おお》い

ウマ

体温《たいおん》▶▶▶37.2～38.1℃　寿命《じゅみょう》▶▶▶18～30年《ねん》

体《からだ》のなかにある血液《けつえき》の量《りょう》▶▶▶61～110mL/kg

赤血球《せっけっきゅう》の数《かず》▶▶▶680万《まん》～1,290万個《まんこ》/μL

赤血球《せっけっきゅう》の大《おお》きさ(直径《ちょっけい》)▶▶▶5.0～6.0μm

赤血球《せっけっきゅう》の寿命《じゅみょう》▶▶▶140～150日《にち》　血液型研究《けつえきがたけんきゅう》のはじまり▶▶▶1944年《ねん》

注《ちゅう》:個体《こたい》により違《ちが》いがあります。

ウマにはA、C、D、K、P、Q、T、Uの8種類《しゅるい》の血液型《けつえきがた》システムがあります。そのうちD《ディー》血液型《けつえきがた》システムがもっとも多様《たよう》で、17種類《しゅるい》の血液型抗原《けつえきがたこうげん》があります。また、A《エー》血液型《けつえきがた》システムではAa《エーエー》型《がた》の個体《こたい》が、シェトランドポニーでは10頭中約《とうちゅうやく》3頭《とう》、サラブレッドでは10頭中《とうちゅう》7頭《とう》と、品種《ひんしゅ》によって割合《わりあい》が違《ちが》います。

現在《げんざい》はDNA《ディーエヌエー》を使《つか》った検査《けんさ》に変《か》わりましたが、2001年《ねん》までサラブレッドなどの競走《きょうそう》馬《ば》では血統登録《けっとうとうろく》に必要《ひつよう》な親子鑑定《おやこかんてい》のために血《けつ》液型《えきがた》が使《つか》われていました。ほかにも人《ひと》と同《おな》じように、新生児溶血性疾患《しんせいじようけつせいしっかん》という母《はは》ウマと子《こ》ウマの血液型《けつえきがた》が合《あ》わない病気《びょうき》の研究《けんきゅう》に、ウマの血液型《けつえきがた》は重要《じゅうよう》です。

品種《ひんしゅ》ってなに？

品種《ひんしゅ》とは同《おな》じ動物種《どうぶつしゅ》のうち、人《ひと》の手《て》によってほかと区別《くべつ》される外見《がいけん》や性質《せいしつ》の特《とく》徴《ちょう》をもつようにつくりだされたもののことです。たとえばシェトランドポニーは、シェトランド諸島原産《しょとうげんさん》の品種《ひんしゅ》です。小《ちい》さくても体《からだ》つきは頑丈《がんじょう》で力《ちから》が強《つよ》く、乗馬《じょうば》などで活躍《かつやく》します。サラブレッドは、17世紀《せいき》ごろにイギリスで競走用《きょうそうよう》につくられました。持久力《じきゅうりょく》があり、脚《あし》はスラリと長《なが》く、筋肉《きんにく》が発達《はったつ》し、速《はや》く走《はし》るのに適《てき》した体《からだ》つきをしています。

ヤギ

体温《たいおん》▶▶▶39.0～39.5℃　寿命《じゅみょう》▶▶▶10～12年《ねん》

体《からだ》のなかにある血液《けつえき》の量《りょう》▶▶▶70～79mL/kg

赤血球《せっけっきゅう》の数《かず》▶▶▶800万《まん》～1,800万《まん》個《こ》/μL

赤血球《せっけっきゅう》の大《おお》きさ(直径《ちょっけい》)▶▶▶2.5～3.9μm

赤血球《せっけっきゅう》の寿命《じゅみょう》▶▶▶125日《にち》　血液型研究《けつえきがたけんきゅう》のはじまり▶▶▶1900年《ねん》

注《ちゅう》：個体《こたい》により違《ちが》いがあります。

ヤギにはA、B、C、M、R-O、V-Wの6種類《しゅるい》の血液型《けつえきがた》システムがあります。このうちB《ビー》血液型《けつえきがた》システムには、数十種類《すうじゅうしゅるい》の血液型抗原《けつえきがたこうげん》（型《かた》）がありもっとも多様《たよう》です。品種《ひんしゅ》によっては、血液型《けつえきがた》の割合《わりあい》に違《ちが》いがあります。B《ビー》血液型《けつえきがた》システムでは、スイス西部《せいぶ》にあるザーネン谷《だに》生《う》まれのザーネン種《しゅ》はB《ビー》15型《がた》が多《おお》く、アルプス生《う》まれのアルパイン種《しゅ》はB《ビー》17型《がた》が多《おお》いと報告《ほうこく》されています。このような血液型《けつえきがた》の違《ちが》いは、品種《ひんしゅ》がつくられるもととなったヤギが違《ちが》うことや、品種《ひんしゅ》をつくりだすなかで起《お》きたと考《かんが》えられます。

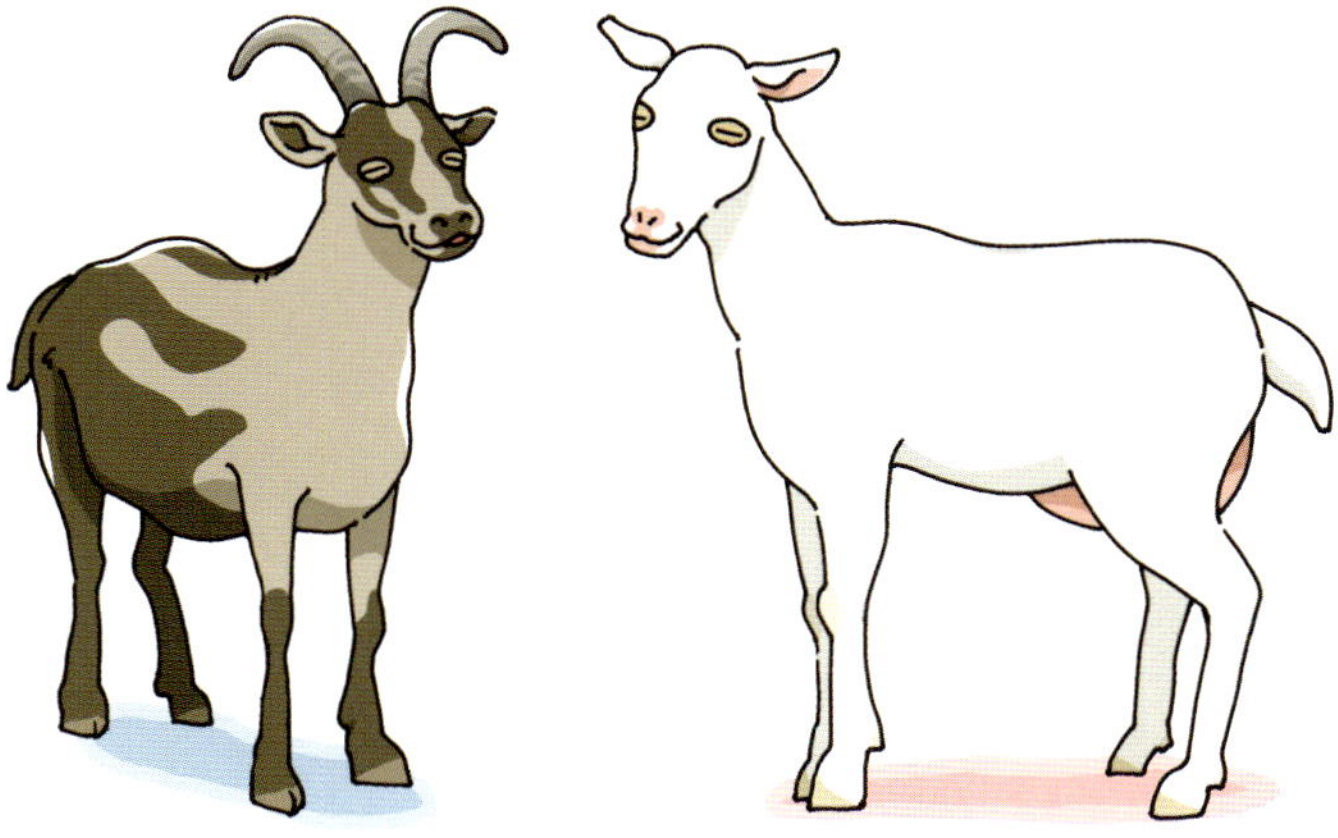

アルパイン種《しゅ》にはB《ビー》17型《がた》が多《おお》い

ザーネン種《しゅ》にはB《ビー》15型《がた》が多《おお》い

B《ビー》血液型《けつえきがた》システムでは品種《ひんしゅ》によって血液型《けつえきがた》の割合《わりあい》に違《ちが》いがある

ヒツジ

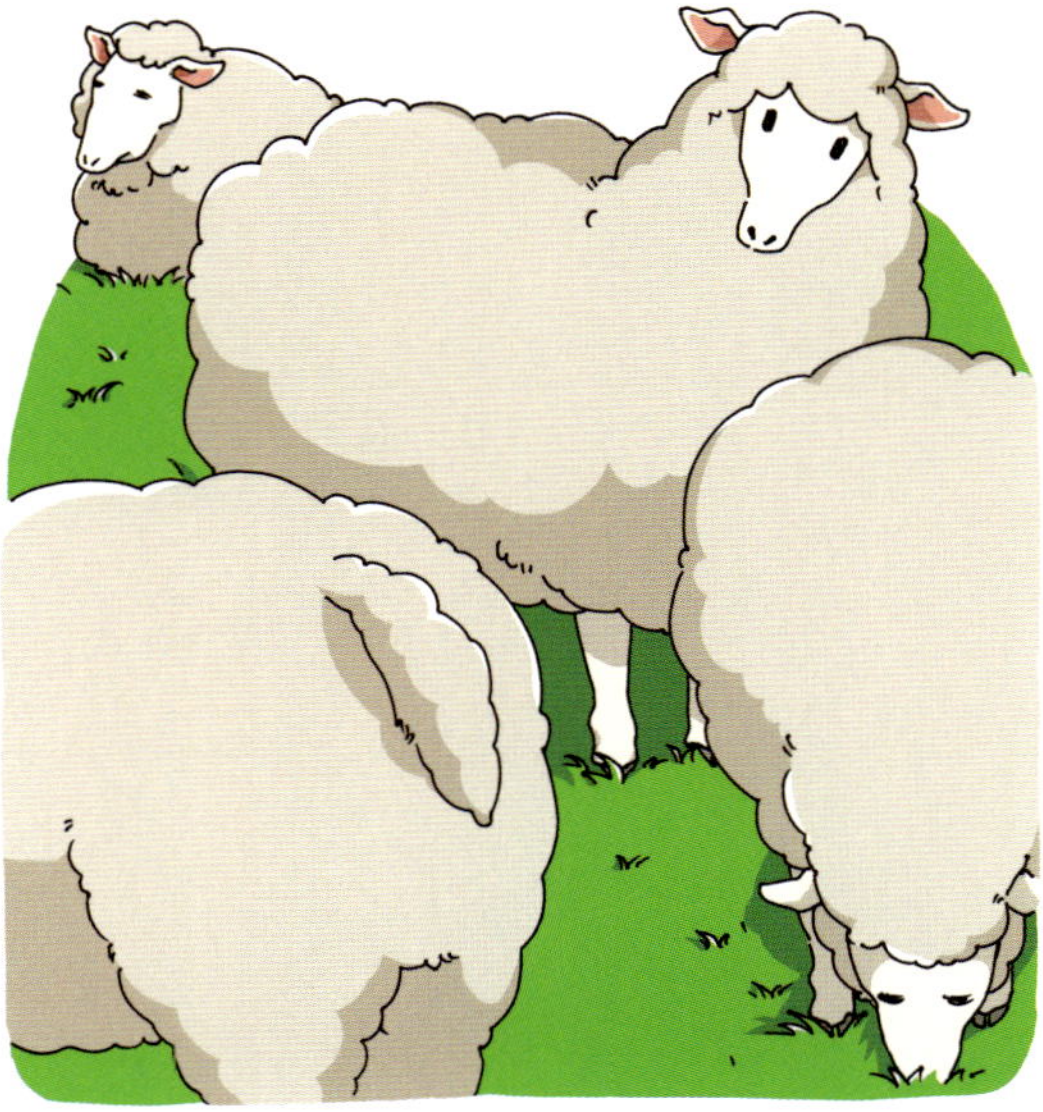

体温《たいおん》▶▶▶39.3～39.9℃　寿命《じゅみょう》▶▶▶10～12年《ねん》

体《からだ》のなかにある血液《けつえき》の量《りょう》▶▶▶57～66mL／kg

赤血球《せっけっきゅう》の数《かず》▶▶▶900万《まん》～1,500万個《まんこ》／μL

赤血球《せっけっきゅう》の大《おお》きさ(直径《ちょっけい》)▶▶▶3.2～6.0μm

赤血球《せっけっきゅう》の寿命《じゅみょう》▶▶▶140～150日《にち》　血液型研究《けつえきがたけんきゅう》のはじまり▶▶▶1944年《ねん》

注《ちゅう》：個体《こたい》により違《ちが》いがあります。

ヒツジにはA、B、C、D、M、R-O、X-Zの7種類《しゅるい》の血液型《けつえきがた》システムがあります。そのなかでもヒツジのB《ビー》血液型《けつえきがた》システムは多様《たよう》な血液型《けつえきがた》です。また、ウシのB《ビー》血液型《けつえきがた》システムと特徴《とくちょう》が似《に》ているともいわれています。

ヒツジも品種《ひんしゅ》により血液型《けつえきがた》の割合《わりあい》に違《ちが》いがあります。たとえばX《エックス》-Z《ゼット》血液型《けつえきがた》システムでは、顔《かお》が黒《くろ》いサフォーク種《しゅ》はすべてX型《エックスがた》ですが、顔《かお》が白《しろ》いコリデール種《しゅ》はX型《エックスがた》のほかにXZ型《エックスゼットがた》やZ型《ゼットがた》も見《み》つかっています。ただし、X《エックス》-Z血液型《ゼットけつえきがた》システムが顔《かお》の色《いろ》を決《き》めているかはわかっていません。

X《エックス》-Z血液型《ゼットけつえきがた》システムでは品種《ひんしゅ》によって血液型《けつえきがた》の割合《わりあい》が違《ちが》う

ウシ

体温《たいおん》▶▶▶38.0～39.3℃　寿命《じゅみょう》▶▶▶15～20年《ねん》

体《からだ》のなかにある血液《けつえき》の量《りょう》▶▶▶55mL/kg

赤血球《せっけっきゅう》の数《かず》▶▶▶500万《まん》～1,000万個《まんこ》/μL

赤血球《せっけっきゅう》の大《おお》きさ(直径《ちょっけい》)▶▶▶4.0～8.0μm

赤血球《せっけっきゅう》の寿命《じゅみょう》▶▶▶160日《にち》　血液型研究《けつえきがたけんきゅう》のはじまり▶▶▶1910年《ねん》

注《ちゅう》：個体《こたい》により違《ちが》いがあります。

ウシにはA、B、C、F-V、J、L、M、N、S、Z、R-S、Tの12種類《しゅるい》の血液型《けつえきがた》システムがあります。ウシのB血液型《ビーけつえきがた》システムは動物《どうぶつ》の血液型《けつえきがた》のなかでもっとも多様《たよう》で、なんと300種類以上《しゅるいいじょう》もの複雑《ふくざつ》な血液型抗原《けつえきがたこうげん》があります。

ウシも品種《ひんしゅ》が多《おお》く、むかしから血液型《けつえきがた》の研究《けんきゅう》がされていました。例《れい》として、F-V《エフブイ》血液《けつえき》型《がた》システムでは、黒毛和種《くろげわしゅ》や褐毛和種《あかげわしゅ》などむかしから日本《にほん》にいる品種《ひんしゅ》は2頭《とう》に1頭《とう》の割合《わりあい》でV型《ブイがた》が見《み》つかりますが、ホルスタイン種《しゅ》やガンジー種《しゅ》など外国生《がいこくう》まれの品種《ひんしゅ》には見《み》つかっていません。

日本《にほん》にいるウシは肉《にく》や牛乳《ぎゅうにゅう》、ヨーグルトやチーズといった人《ひと》の食《た》べものとして育《そだ》てられているため、人工授精《じんこうじゅせい》という人《ひと》の手《て》によって赤《あか》ちゃんをつくる技術《ぎじゅつ》を用《もち》いて生産《せいさん》されています。生《う》まれた子《こ》ウシのお父《とう》さんがどのウシかを調《しら》べる目的《もくてき》や、すでに生《う》まれた子《こ》ウシの両親《りょうしん》を特定《とくてい》したい場合《ばあい》（親子鑑定《おやこかんてい》）に血液型《けつえきがた》が調《しら》べられていました。現在《げんざい》は、DNA型検《ディーエヌエーがたけん》査《さ》によって調《しら》べられています。

人《ひと》の手《て》によって繁殖《はんしょく》し、管理《かんり》されていたから品種《ひんしゅ》も多《おお》く、むかしから血液型《けつえきがた》の研究《けんきゅう》がさかんだったんだね。ウシのB血液型《ビーけつえきがた》システムには300種類以上《しゅるいいじょう》もの複雑《ふくざつ》な血液型抗原《けつえきがたこうげん》がある！

ブタ

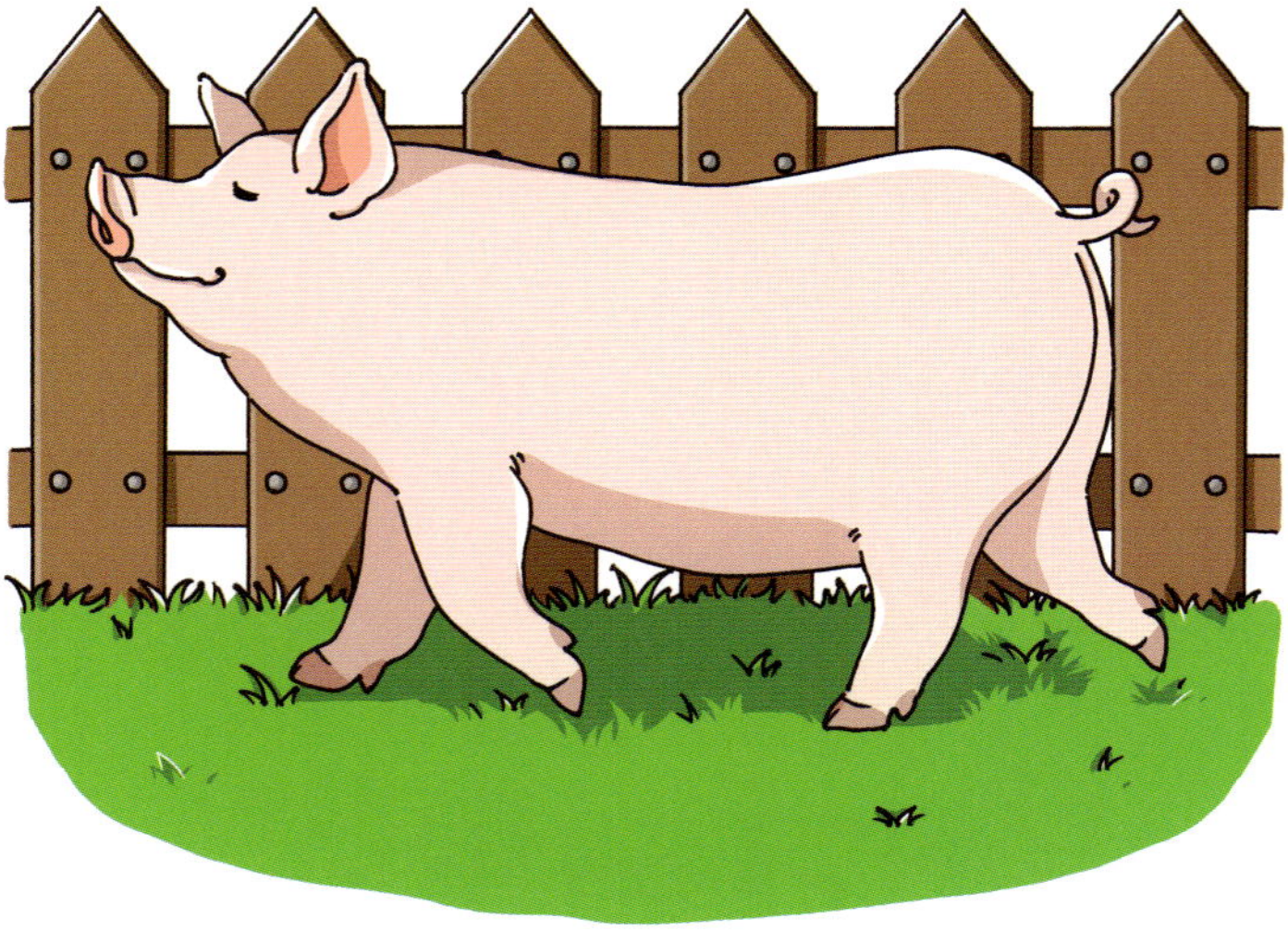

体温《たいおん》▶▶▶37.0〜38.0℃　寿命《じゅみょう》▶▶▶15年《ねん》

体《からだ》のなかにある血液《けつえき》の量《りょう》▶▶▶52〜69mL／kg

赤血球《せっけっきゅう》の数《かず》▶▶▶500万《まん》〜800万個《まんこ》／μL

赤血球《せっけっきゅう》の大《おお》きさ(直径《ちょっけい》)▶▶▶4.0〜8.0μm

赤血球《せっけっきゅう》の寿命《じゅみょう》▶▶▶74〜98日《にち》　血液型研究《けつえきがたけんきゅう》のはじまり▶▶▶1907年《ねん》

注《ちゅう》：個体《こたい》により違《ちが》いがあります。

ブタにはA、B、C、D、E、F、G、H、I、J、K、L、M、N、O、P、Sの17種類《しゅるい》の血液型《けつえきがた》システムがあります。ブタのE血液《イーけつえき》型《がた》システムはもっとも多様《たよう》で、十数種類《じゅうすうしゅるい》の血液型抗原《けつえきがたこうげん》があります。

　ブタも品種《ひんしゅ》が多《おお》いため、血液型《けつえきがた》の研究《けんきゅう》がさかんにおこなわれています。たとえば、赤血《せっけつ》球型以外《きゅうがたいがい》の血液型《けつえきがた》も含《ふく》めた調査《ちょうさ》ですが、西洋《せいよう》のブタと東洋《とうよう》のブタ、ミニブタでは血液型《けつえきがた》が違《ちが》うことがわかっています。またイノシシはブタと近《ちか》い動物種《どうぶつしゅ》なので、ブタの血液型《けつえきがた》を使《つか》ってイノシシの血液型《けつえきがた》を調《しら》べた研究《けんきゅう》もあります。ニホンイノシシは、ヨーロッパイノシシと遺伝的《いでんてき》に遠《とお》いことも、ブタの血液型《けつえきがた》によってわかっています。

　そのほかに、H血液型《エイチけつえきがた》システムは肉質《にくしつ》、K《ケー》血液型《けつえきがた》システムは体重《たいじゅう》や脂《あぶら》の厚《あつ》さと関係《かんけい》しているという報告《ほうこく》があります。病気《びょうき》との関連《かんれん》では、人《ひと》やウマと同《おな》じように母《はは》ブタと子《こ》ブタの血《けつ》液型《えきがた》が合《あ》わないことで起《お》こる新生児溶血性疾《しんせいじようけつせいしっ》患《かん》の検査《けんさ》にも、血液型《けつえきがた》は利用《りよう》されています。

ブタとイノシシは仲間《なかま》だから、ブタの血液《けつえき》型《がた》を利用《りよう》して、イノシシを分類《ぶんるい》することもできる！ ただし、ブタとイノシシを血液型《けつえきがた》で見分《みわ》けることはできないんだ

ウサギ

体温《たいおん》▶▶▶38.0～39.5℃　寿命《じゅみょう》▶▶▶ 5 ～ 7 年《ねん》

体《からだ》のなかにある血液《けつえき》の量《りょう》▶▶▶53mL／kg

赤血球《せっけっきゅう》の数《かず》▶▶▶400万《まん》～600万個《まんこ》／μL

赤血球《せっけっきゅう》の大《おお》きさ(直径《ちょっけい》)▶▶▶5.7～7.0μm

赤血球《せっけっきゅう》の寿命《じゅみょう》▶▶▶20～45日《にち》　血液型研究《けつえきがたけんきゅう》のはじまり▶▶▶1901年《ねん》

注《ちゅう》：個体《こたい》により違《ちが》いがあります。

ウサギの血液型《けつえきがた》は、人《ひと》の貧血《ひんけつ》の研究《けんきゅう》において、あるウサギの赤血球《せっけっきゅう》を別《べつ》のウサギに注射《ちゅうしゃ》したときに、注射《ちゅうしゃ》されたウサギの血清《けっせい》（08ページ）のなかに赤血球《せっけっきゅう》を凝集《ぎょうしゅう》させる抗体《こうたい》が発見《はっけん》されたことで見《み》つかりました。

医学《いがく》や自然科学《しぜんかがく》ではウサギは実験動物《じっけんどうぶつ》として利用《りよう》されていたことから、さまざまな研究《けんきゅう》者《しゃ》がウサギの血液型《けつえきがた》を報告《ほうこく》しています。血液《けつえき》型《がた》の研究《けんきゅう》がはじまったばかりのころは、H1・H2、K、G・g、K1・K2、Hgの5種《しゅ》類《るい》の血液型《けつえきがた》システムでした。それぞれの血液《けつえき》型《がた》システムには数種類《すうしゅるい》の血液型抗原《けつえきがたこうげん》があり、そのうちHg血液型《エイチジーけつえきがた》システムの血液型抗原《けつえきがたこうげん》は6つと、ウサギのなかではもっとも多《おお》いです。

また、Hg血液型《エイチジーけつえきがた》システムはウサギの新生児《しんせいじ》溶血性疾患《ようけつせいしっかん》とも関係《かんけい》があり、人《ひと》のRh式血液《アールエイチしきけつえき》型《がた》に見《み》られる血液型不適合妊娠《けつえきがたふてきごうにんしん》（25ページ）の研究《けんきゅう》にも利用《りよう》されていました。

ウサギは実験動物《じっけんどうぶつ》として医学《いがく》や自然科学《しぜんかがく》の研究《けんきゅう》に利用《りよう》されていたから、血液型《けつえきがた》の種類《しゅるい》もわかっていることが多《おお》いよ

マウス

体温《たいおん》▶▶▶38.0〜38.6℃　寿命《じゅみょう》▶▶▶2年《ねん》

体《からだ》のなかにある血液《けつえき》の量《りょう》▶▶▶79mL/kg

赤血球《せっけっきゅう》の数《かず》▶▶▶800万《まん》〜1,100万個《まんこ》/μL

赤血球《せっけっきゅう》の大《おお》きさ(直径《ちょっけい》)▶▶▶5.2〜6.0μm

赤血球《せっけっきゅう》の寿命《じゅみょう》▶▶▶30〜52日《にち》　血液型研究《けつえきがたけんきゅう》のはじまり▶▶▶1964年《ねん》

注《ちゅう》:個体《こたい》により違《ちが》いがあります。

マウスにはEa-1、Ea-2、Ea-3、Ea-4、Ea-5、Ea-6、Ea-7、Ea-8の8種類《しゅるい》の血液型《けつえきがた》システムがあります。

実験《じっけん》では、個体《こたい》によって実験結果《じっけんけっか》にばらつきがでないように、遺伝的《いでんてき》に均一《きんいつ》なマウスを使《つか》います。遺伝的《いでんてき》に均一《きんいつ》というのは、双子《ふたご》のようにまったく同《おな》じマウスのことで、近交系《きんこうけい》マウスと呼《よ》ばれます。1匹《ぴき》のお母《かあ》さんマウスから5~6匹《ぴき》のこどもが産《う》まれます。生《う》まれた子《こ》マウスからオスとメスをえらび交配《こうはい》すること（兄妹交配《けいまいこうはい》）を20世代以上続《せだいいじょうつづ》けると、親《おや》兄弟《きょうだい》どの個体《こたい》も遺伝的《いでんてき》にほとんど同《おな》じになります。近交系《きんこうけい》マウスにはいくつか種類《しゅるい》があり、はじめてつくられたときに利用《りよう》したマウスの血液型《けつえきがた》の特徴《とくちょう》が遺伝《いでん》するので、近交系《きんこうけい》の種類《しゅるい》が違《ちが》うと血液型《けつえきがた》も変《か》わってきます。たとえばEa-8《イーエー》血液型《けつえきがた》システムにおいて、BALB《バルブ》/C《シー》と呼《よ》ばれる近交系《きんこうけい》マウスはすべてb型《ビーがた》ですが、C《シー》57BL《ビーエル》/10という近交系《きんこうけい》マウスはa型《エーがた》です。

約《やく》100年以上《ねんいじょう》の歴史《れきし》のある近交系《きんこうけい》マウスは、今日《こんにち》の医《い》療技術《りょうぎじゅつ》の発展《はってん》や生命現象《せいめいげんしょう》の解明《かいめい》に貢献《こうけん》しているんだよ

イヌ

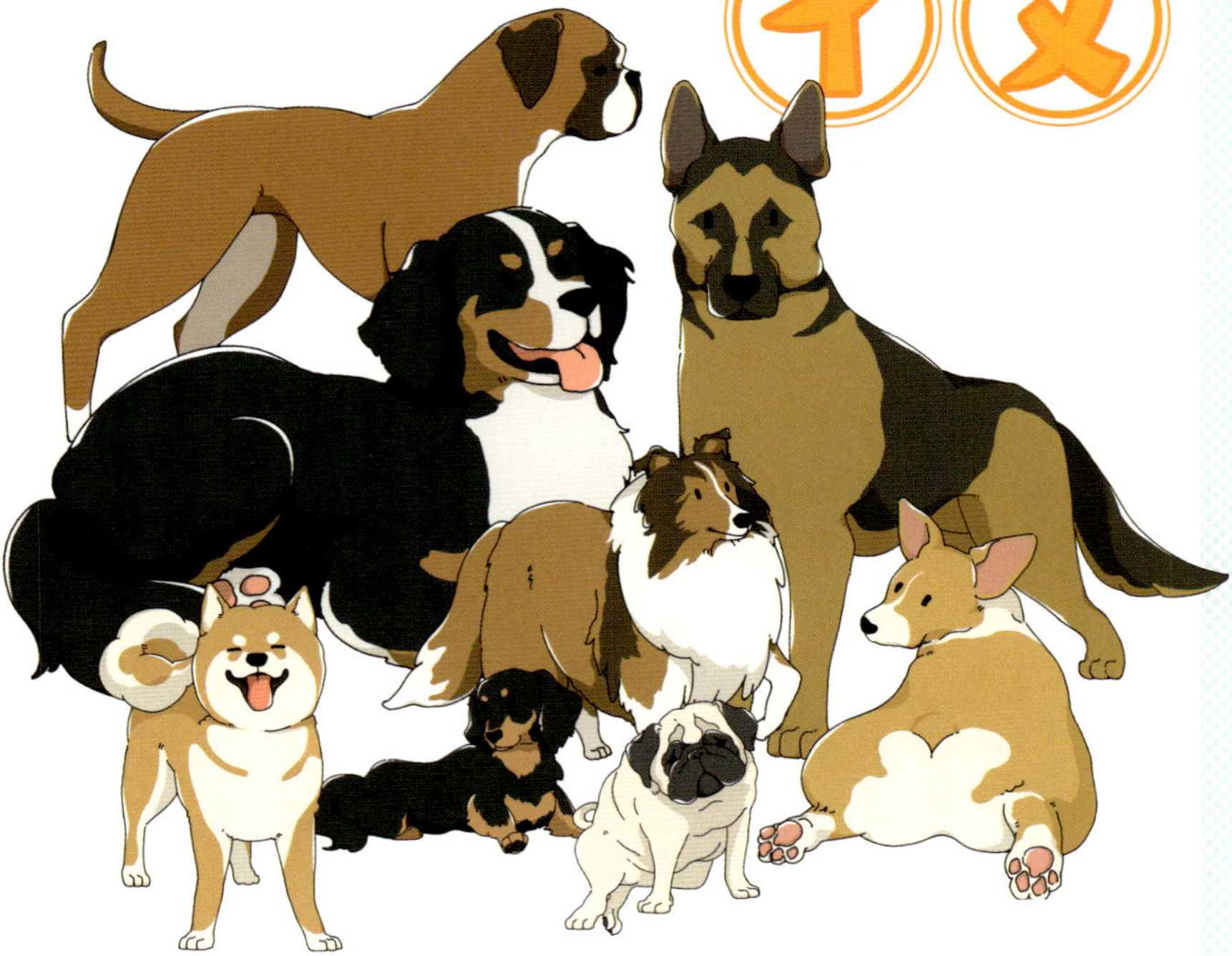

体温《たいおん》▶▶▶37.9～39.9℃　寿命《じゅみょう》▶▶▶8～15年《ねん》

体《からだ》のなかにある血液《けつえき》の量《りょう》▶▶▶59～94mL/kg

赤血球《せっけっきゅう》の数《かず》▶▶▶550万《まん》～850万《まん》個《こ》/μL

赤血球《せっけっきゅう》の大《おお》きさ(直径《ちょっけい》)▶▶▶6.7～7.2μm

赤血球《せっけっきゅう》の寿命《じゅみょう》▶▶▶100～120日《にち》　血液型研究《けつえきがたけんきゅう》のはじまり▶▶▶1910年《ねん》

注《ちゅう》：個体《こたい》により違《ちが》いがあります。

イヌにはDog《ドッグ》 Erythrocyte《エリスロサイト》 Antigen《アンチゲン》（イヌ赤血球抗原《せっけっきゅうこうげん》）を略《りゃく》したDEAと呼《よ》ばれる血液型《けつえきがた》システムがあります。DEA《ディーイーエー》血液型《けつえきがた》システムは1（1.1、1.2）、3、4、5、7をはじめ十数種類《じゅうすうしゅるい》と多様《たよう》にあります。また最近《さいきん》は、ダルメシアンに由来《ゆらい》するDal《ダル》や、韓国《かんこく》の言葉《ことば》でイヌという意味《いみ》があることで名《な》づけられたKai《カイ》1、Kai《カイ》2などの血液型《けつえきがた》システムが見《み》つかっています。ここではイヌの輸血《ゆけつ》（106ページ）に重要《じゅうよう》なDEA《ディーイーエー》1血液型《けつえきがた》システムのDEA《ディーイーエー》1.1血液型《けつえきがた》抗原《こうげん》について、すこしくわしく説明《せつめい》します。

DEA《ディーイーエー》1.1プラスが多《おお》い品種《ひんしゅ》

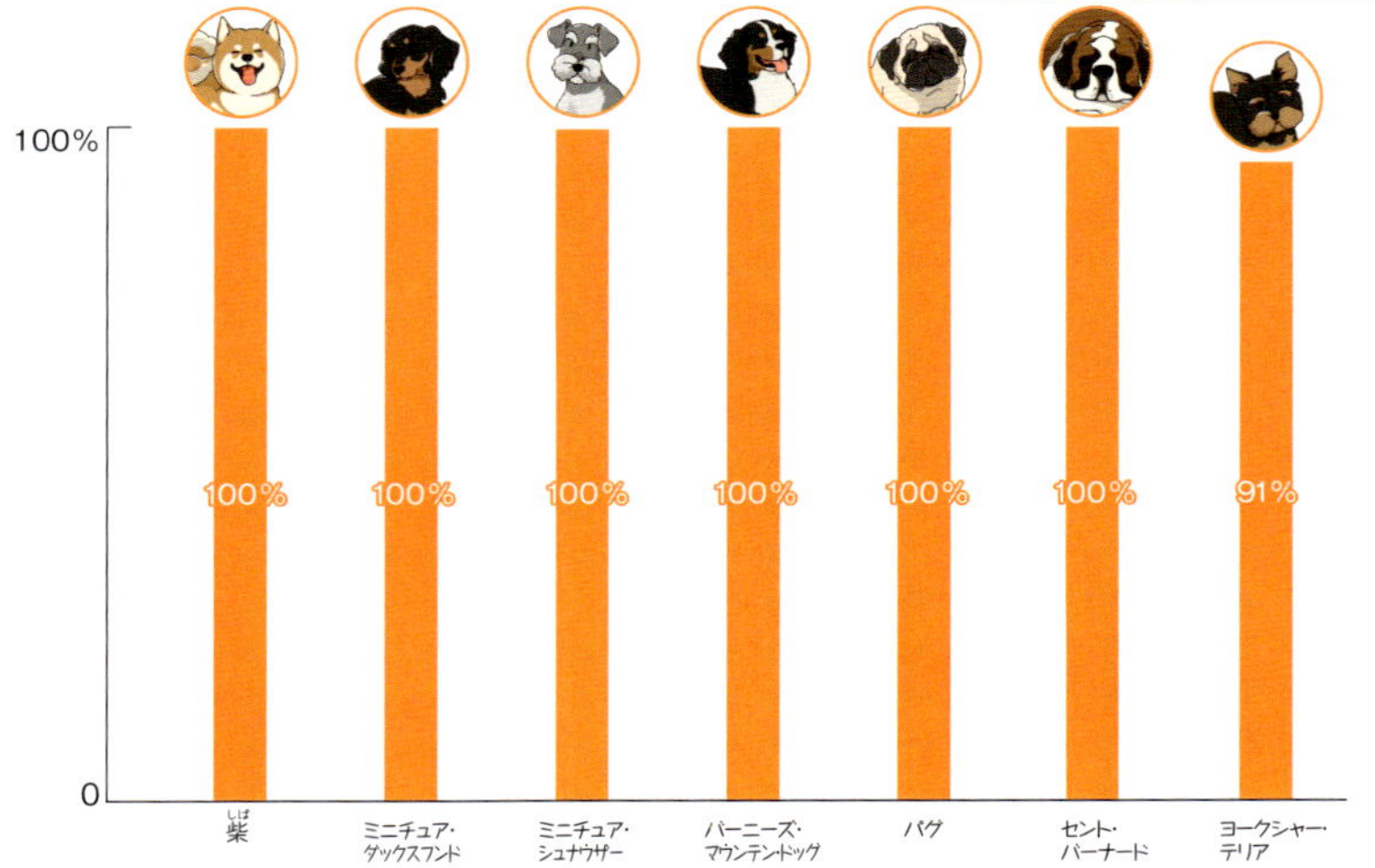

注《ちゅう》：複数《ふくすう》の調査《ちょうさ》を合計《ごうけい》して、各品種《かくひんしゅ》10頭以上《とういじょう》の結果《けっか》。研究《けんきゅう》によって差《さ》はあります。

DEA《ディーイーエー》1.1血液型抗原《けつえきがたこうげん》の割合《わりあい》

DEA《ディーイーエー》1.1血液型抗原《けつえきがたこうげん》をつくる遺伝子《いでんし》（プラス）は、DEA《ディーイーエー》1.1血液型抗原《けつえきがたこうげん》をつくらない遺伝子《いでんし》（マイナス）に対《たい》して顕性《けんせい》（優性《ゆうせい》、91ページ）なので、何千頭《なんぜんとう》ものイヌの血液型《けつえきがた》を調《しら》べると、DEA《ディーイーエー》1.1マイナスに比《くら》べてDEA《ディーイーエー》1.1プラスのイヌの方《ほう》が多《おお》いです。

日本《にほん》にいるイヌのうち、DEA《ディーイーエー》1.1プラスとマイナスの割合《わりあい》は、おおよそDEA《ディーイーエー》1.1プラスが70～80%、DEA《ディーイーエー》1.1マイナスが20～30%です。DEA《ディーイーエー》1.1プラスのイヌとDEA《ディーイーエー》1.1マイナスのイヌの割合《わりあい》は品種《ひんしゅ》によって違《ちが》いがあります。

DEA《ディーイーエー》1.1マイナスが多《おお》い品種《ひんしゅ》

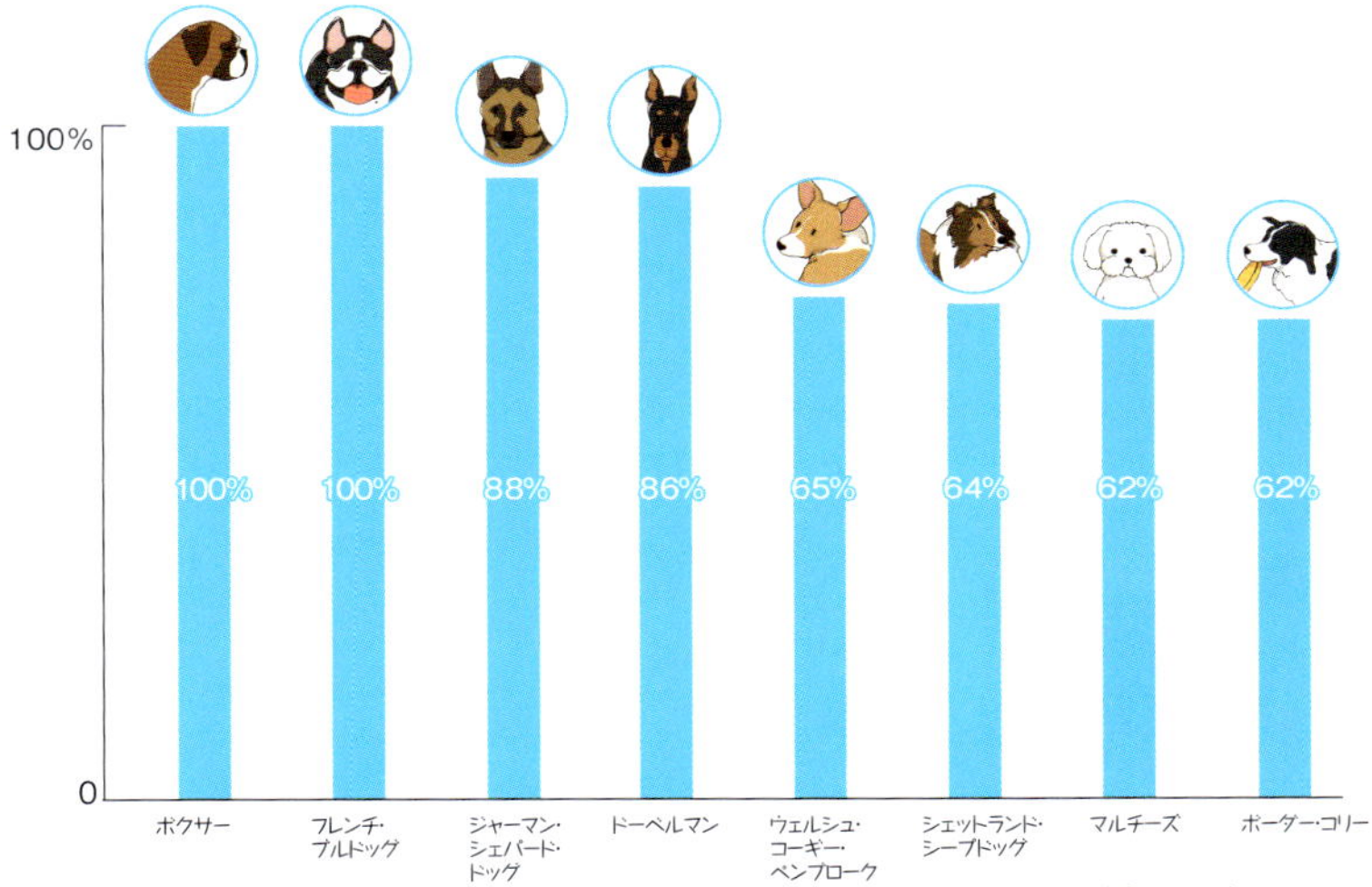

注《ちゅう》：複数《ふくすう》の調査《ちょうさ》を合計《ごうけい》して、各品種《かくひんしゅ》10頭以上《とういじょう》の結果《けっか》。研究《けんきゅう》によって差《さ》はあります。

イヌの輸血《ゆけつ》

イヌの血漿《けっしょう》にはDEA《ディーイーエー》1.1に対《たい》する自然抗体《しぜんこうたい》（15ページ）はありませんが、人《ひと》と同《おな》じように、原《げん》則《そく》同《おな》じ血液型《けつえきがた》どうしで輸血《ゆけつ》しなければいけません。たとえば、DEA《ディーイーエー》1.1マイナスのイヌにはDEA《ディーイーエー》1.1マイナスのイヌの血液《けつえき》を、DEA《ディーイーエー》1.1プラスのイヌにはDEA《ディーイーエー》1.1プラスのイヌの血液《けつえき》を使《つか》います。ただし、DEA《ディーイーエー》1.1マイナスのイヌはDEA《ディーイーエー》1.1血液型抗原《けつえきがたこうげん》をもっていないので、DEA《ディーイーエー》1.1プラスのイヌへの輸血《ゆけつ》にも利用《りよう》されます。このようにDEA《ディーイーエー》1.1血液型抗原《けつえきがたこうげん》はイヌの輸血《ゆけつ》においてとても重要《じゅうよう》なのです。

ネコ

体温《たいおん》▶▶▶38.1～39.2℃　寿命《じゅみょう》▶▶▶13～17年《ねん》

体《からだ》のなかにある血液《けつえき》の量《りょう》▶▶▶47～66mL/kg

赤血球《せっけっきゅう》の数《かず》▶▶▶500万《まん》～1,000万個《まんこ》/μL

赤血球《せっけっきゅう》の大《おお》きさ(直径《ちょっけい》)▶▶▶5.5～6.3μm

赤血球《せっけっきゅう》の寿命《じゅみょう》▶▶▶65～76日《にち》　血液型研究《けつえきがたけんきゅう》のはじまり▶▶▶1912年《ねん》

注《ちゅう》:個体《こたい》により違《ちが》いがあります。

ネコにはAB血液型《エービーけつえきがた》システムがあり、A型《エーがた》、B型《ビーがた》、AB型《エービーがた》に分《わ》けられます。また、2007年《ねん》にアメリカでMike《マイク》という名《な》のネコからMik《ミック》という新《あたら》しい血液型《けつえきがた》システムが発見《はっけん》されています。AB血液型《エービーけつえきがた》システムは、ネコの輸血《ゆけつ》（106ページ）に重要《じゅうよう》な血液型《けつえきがた》なので、すこしくわしく説明《せつめい》します。

AB血液型《エービーけつえきがた》システムの割合《わりあい》

ネコのAB血液型《エービーけつえきがた》システムと人《ひと》のABO式《エービーオーしき》血液型《けつえきがた》は、名前《なまえ》はよく似《に》ていますがまったく別《べつ》の血液型《けつえきがた》です。ネコはA血液型抗原《エーけつえきがたこうげん》だけをもつA型《エーがた》、B血液型抗原《ビーけつえきがたこうげん》だけをもつB型《ビーがた》、A《エー》

A型《エーがた》が多《おお》い品種《ひんしゅ》

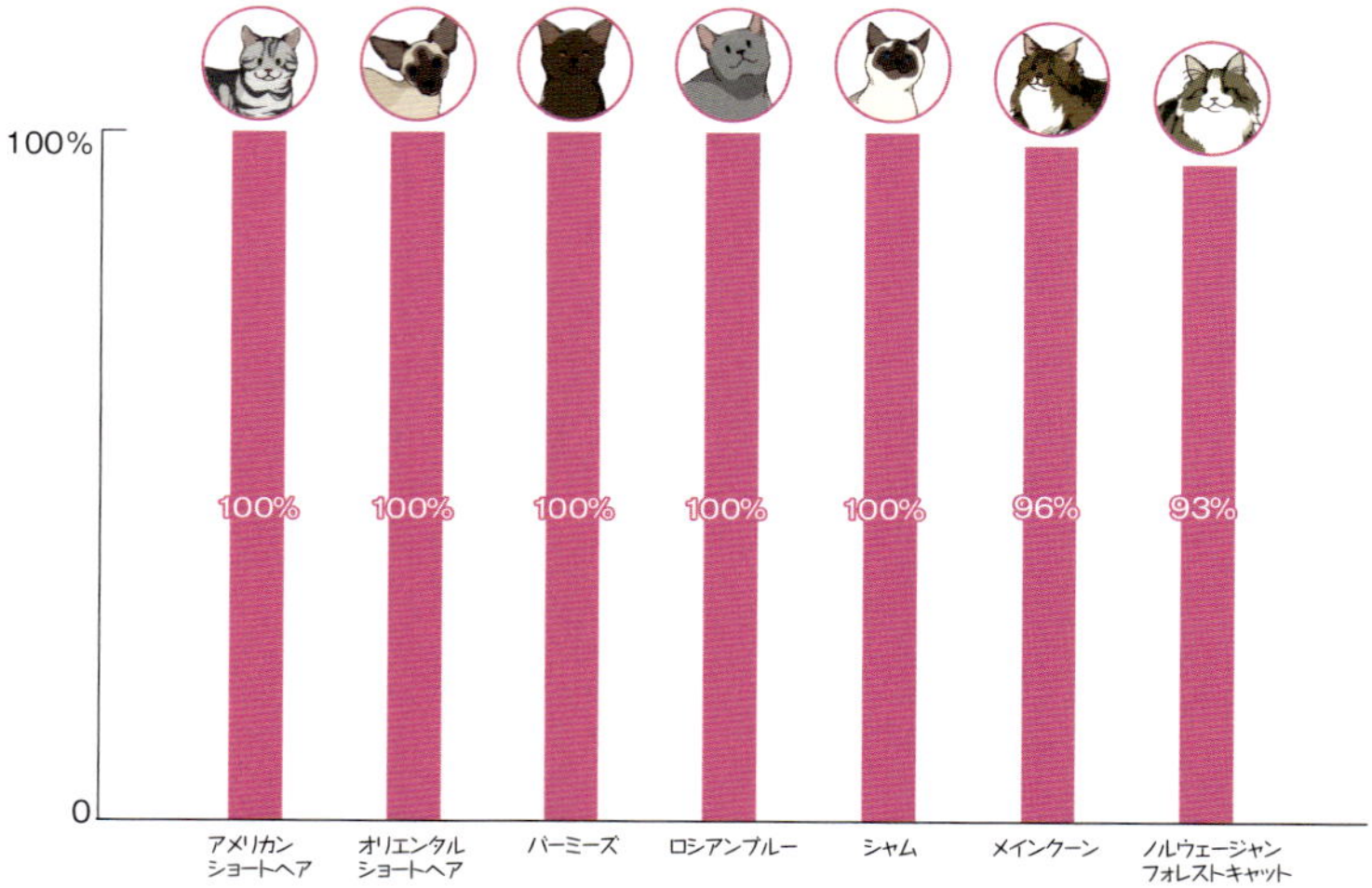

注《ちゅう》：複数《ふくすう》の調査《ちょうさ》を合計《ごうけい》して、各品種《かくひんしゅ》10頭以上《とういじょう》の結果《けっか》。研究《けんきゅう》によって差《さ》はあります。

血液型抗原《けつえきがたこうげん》とB血液型抗原《ビーけつえきがたこうげん》の両方《りょうほう》をもつA《エー》B型《ビーがた》の3つに分《わ》けられます。

A血液型抗原《エーけつえきがたこうげん》をつくる遺伝子《いでんし》はB血液型抗原《ビーけつえきがたこうげん》をつくる遺伝子《いでんし》に対《たい》して**顕性**《けんせい》（**優性**《ゆうせい》、91ページ）なので、A型《エーがた》のネコが多《おお》いです。私《わたし》たちの研究《けんきゅう》では、AB血液型《エービーけつえきがた》システムのうちA型《エーがた》は約《やく》95％、B型《ビーがた》はややまれで約《やく》5％、AB型《エービーがた》はきわめてまれという割合《わりあい》の結果《けっか》がでています。ネコにもさまざまな品種《ひんしゅ》がいますが、品種《ひんしゅ》によってはほとんどがA型《エーがた》だったり、B型《ビーがた》やAB型《エービーがた》が比較的多《ひかくてきおお》かったりと、違《ちが》いが見《み》られます。

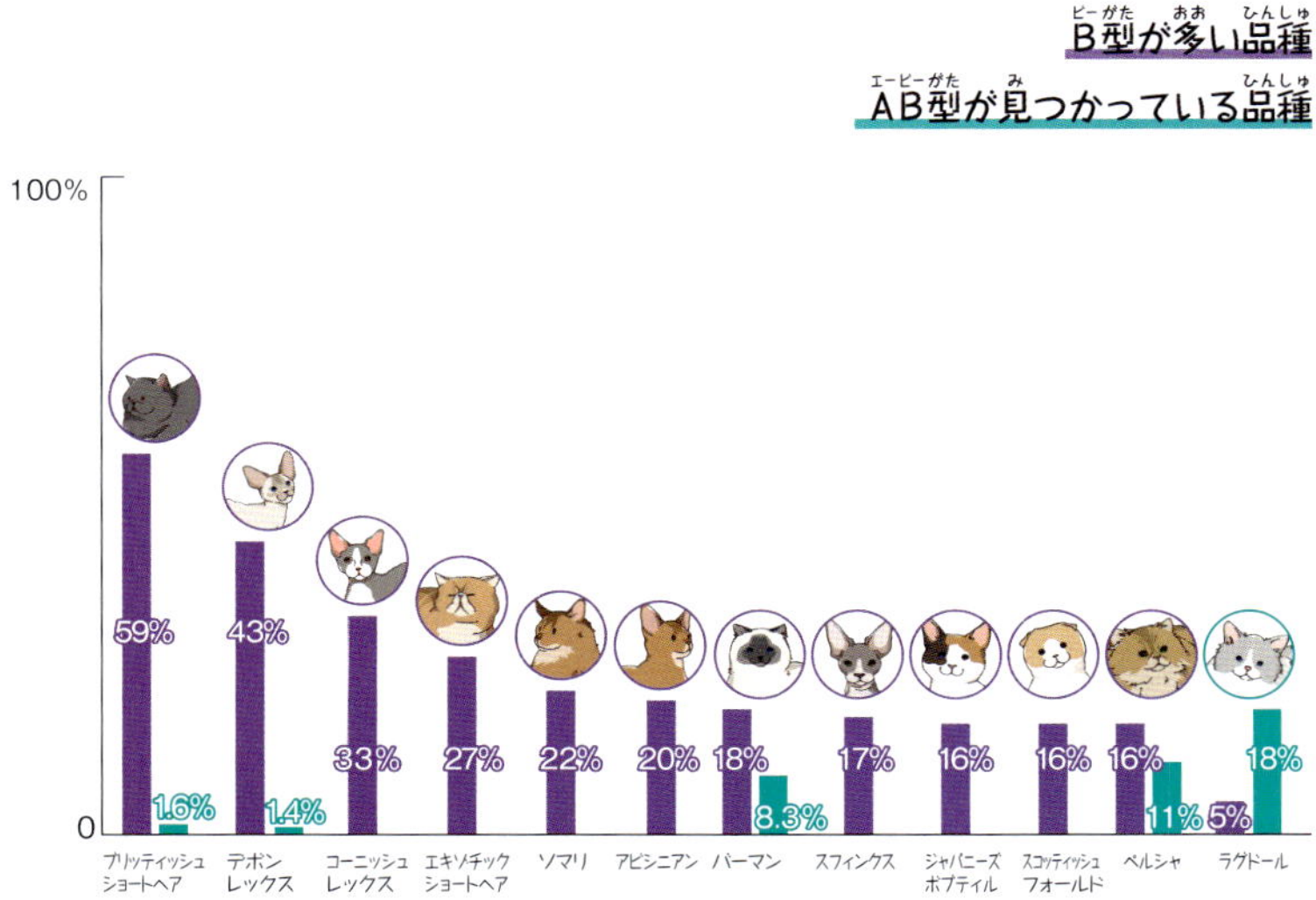

注《ちゅう》：複数《ふくすう》の調査《ちょうさ》を合計《ごうけい》して、各品種《かくひんしゅ》10頭以上《とういじょう》の結果《けっか》。研究《けんきゅう》によって差《さ》はあります。

ネコの輸血《ゆけつ》

人《ひと》のABO《エービーオー》式血液型《しきけつえきがた》と同《おな》じように、ネコもAB《エービー》血液型《けつえきがた》システムにおいて自然抗体《しぜんこうたい》（15ページ）をもっています。たとえば、A《エー》型《がた》の血漿《けっしょう》には抗《こう》B《ビー》抗体《こうたい》、B《ビー》型《がた》の血漿《けっしょう》には抗《こう》A《エー》抗体《こうたい》が含《ふく》まれています。そのため違《ちが》う血液型《けつえきがた》を輸血《ゆけつ》すると、とても重《おも》い副作用《ふくさよう》（121ページ）が起《お》きてしまいます。輸血《ゆけつ》ではかならず同《おな》じ血液型《けつえきがた》を輸血《ゆけつ》しなければなりません。ただし、緊急時《きんきゅうじ》にAB《エービー》型《がた》のネコに輸血《ゆけつ》をするとき、AB《エービー》型《がた》の血液《けつえき》が手《て》に入《はい》らない場合《ばあい》はA《エー》型《がた》の血液《けつえき》を使《つか》います。これはAB《エービー》型《がた》のネコの血漿中《けっしょうちゅう》には自然抗体《しぜんこうたい》がないからです。

チンパンジー
（霊長類《れいちょうるい》）

体温《たいおん》▶▶▶37.2℃　寿命《じゅみょう》▶▶▶40～45年《ねん》

体《からだ》のなかにある血液《けつえき》の量《りょう》▶▶▶55～80mL／kg（※）

赤血球《せっけっきゅう》の数《かず》▶▶▶380万《まん》～680万《まん》個《こ》／μL

赤血球《せっけっきゅう》の大《おお》きさ（直径《ちょっけい》）▶▶▶6.9～7.5μm（※）

赤血球《せっけっきゅう》の寿命《じゅみょう》▶▶▶86～105日《にち》（※）　血液型研究《けつえきがたけんきゅう》のはじまり▶▶▶1965年《ねん》

※はアカゲザルのデータ

注《ちゅう》：個体《こたい》により違《ちが》いがあります。

チンパンジーにはR-C-E-F、V-A-Bという2つの血液型《けつえきがた》システムがあります。R《アール》-C《シー》-E《イー》-F《エフ》血液型《けつえきがた》システムには19種類《しゅるい》もの血液型抗原《けつえきがたこうげん》があります。

ほかの霊長類《れいちょうるい》では、カニクイザルにはArh-Brh-Crh-Drh、アカゲザルにはA-B-C-D-Eなどの血液型《けつえきがた》システムがあります。このように、霊長類《れいちょうるい》にはそれぞれ特有《とくゆう》の血液型《けつえきがた》があります。

人《ひと》も霊長類《れいちょうるい》なので、人《ひと》のABO《エービーオー》式血液型《しきけつえきがた》とほかの霊長類《れいちょうるい》の血液型《けつえきがた》システムを比《くら》べる研究《けんきゅう》がおこなわれ、さまざまな情報《じょうほう》がインターネットや本《ほん》で紹介《しょうかい》されています。また、山本《やまもと》博士《はかせ》（17ページ）によりABO《エービーオー》遺伝子《いでんし》の構造《こうぞう》が解明《かいめい》され、人以外《ひといがい》の霊長類《れいちょうるい》もABO《エービーオー》遺伝子《いでんし》をもっていることがわかっています。ここでは、ABO《エービーオー》遺伝子《いでんし》の3つの対立遺伝子《たいりついでんし》A、B、Oに注目《ちゅうもく》して、霊長類《れいちょうるい》で見《み》つかっているABO《エービーオー》遺伝子《いでんし》を紹介《しょうかい》します。

霊長類《れいちょうるい》で見《み》つかっている ABO《エービーオー》遺伝子《いでんし》

注《ちゅう》：遺伝子《いでんし》の種類《しゅるい》であり、実際《じっさい》の血液型《けつえきがた》をあらわしているわけではありません。

魚《さかな》にも血液型《けつえきがた》がある！

魚類《ぎょるい》の血液型《けつえきがた》の研究《けんきゅう》がはじまったのは1952年《ねん》ごろです。イワシ、ニシン、カツオ、マグロなどの魚類《ぎょるい》にも血液型《けつえきがた》はあります。たとえば、カツオにはY《ワイ》血液型《けつえきがた》システムがあり、15種類《しゅるい》に分《わ》けられます。

第《だい》3章《しょう》

これですっきり！
血液《けつえき》Q&A《キューアンドエー》

血液《けつえき》、血液型《けつえきがた》には広《ひろ》く知《し》られていないことがまだまだあります。自分《じぶん》の体《からだ》にかかわることだけどきちんと知《し》らない、なんてことありませんか。

ここでは血液《けつえき》、血液型《けつえきがた》に関《かん》する素朴《そぼく》な疑問《ぎもん》をQ＆A《キューアンドエー》でご紹介《しょうかい》します。

Q どうして血《ち》は赤《あか》いの？

A 赤血球《せっけっきゅう》のなかにあるヘモグロビンが赤《あか》いからです。

血液《けつえき》には体《からだ》のすみずみまで酸素《さんそ》を運《はこ》ぶ大切《たいせつ》な役割《やくわり》があります。実際《じっさい》に酸素《さんそ》を運《はこ》んでいるのは赤血球《せっけっきゅう》です。赤血球《せっけっきゅう》は呼《よ》び名《な》のとおり赤色《あかいろ》をしていますが、この赤色《あかいろ》のもとは「ヘモグロビン」と呼《よ》ばれるタンパク質《しつ》で、赤血球《せっけっきゅう》のなかにあります。ヘモグロビンは鉄《てつ》を含《ふく》んでいて、酸素《さんそ》とむすびつきます。

Q

赤《あか》くない血《ち》はあるんですか?

A 一般《いっぱん》に血液《けつえき》は赤色《あかいろ》ですが、赤《あか》くない血液《けつえき》をもつ生物《せいぶつ》もいます。

たとえば、タコの血《ち》は青色《あおいろ》です。タコの血球《けっきゅう》には、赤色《あかいろ》のもとであるヘモグロビンではなく、「ヘモシアニン」というタンパク質《しつ》があります。このヘモシアニンは銅《どう》を含《ふく》んでいて、酸素《さんそ》とむすびつくと青色《あおいろ》になります。このほかに、緑色《みどりいろ》の血《ち》をもつトカゲもいます。

Q

血《ち》は赤《あか》いのに、皮膚《ひふ》に浮《う》き上《あ》がっている血管《けっかん》が青《あお》く見《み》えるのはなぜ？

A　皮膚《ひふ》をとおして見《み》るから赤《あか》く見《み》えないのです。

（文献《ぶんけん》4より一部改変《いちぶかいへん》）

私《わたし》たちは、目《め》に光《ひかり》が届《とど》くことで物《もの》の色《いろ》を知《し》ることができます。光《ひかり》の色《いろ》には「波長《はちょう》」という波《なみ》があり、波《なみ》の長《なが》さが違《ちが》うことで光《ひかり》の色《いろ》は変《か》わります。血管《けっかん》が青《あお》く見《み》える理由《りゆう》は、皮膚《ひふ》にあたった光《ひかり》のなかで青《あお》い色《いろ》の光《ひかり》は波長《はちょう》が短《みじか》く、血液《けつえき》まで届《とど》かずに皮膚《ひふ》からはね返《かえ》ってきて目《め》に届《とど》くためと考《かんが》えられています。

ちなみに、赤色《あかいろ》の血《ち》が見《み》えるところもあります。それは唇《くちびる》やまぶたの裏側《うらがわ》です。唇《くちびる》は皮膚《ひふ》がうすいので、すぐ下《した》にある血管《けっかん》がすけて見《み》えるのです。まぶたの裏側《うらがわ》もうすい膜《まく》の下《した》にあるこまかい血管《けっかん》がすけているので、赤《あか》い血《ち》を見《み》ることができます。観察《かんさつ》してみましょう。

Q どうして血《ち》は自《し》然《ぜん》と固《かた》まるの？

A

血《ち》が血管《けっかん》の外《そと》に出《で》ると、血《ち》を固《かた》める物質《ぶっしつ》たちがはたらきはじめます。

1、血管《けっかん》が収縮《しゅうしゅく》

血液《けつえき》が流《なが》れ出《で》るのをふせぐ

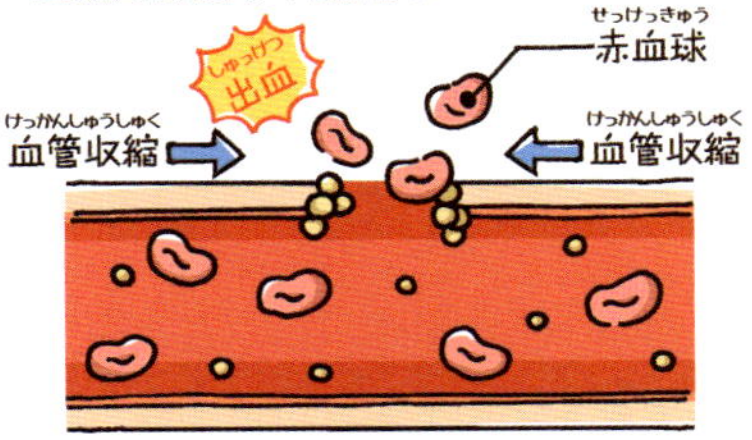

2、血小板《けっしょうばん》による一次止血《いちじしけつ》

血液中《けつえきちゅう》の血小板《けっしょうばん》が集《あつ》まり、やぶれた場所《ばしょ》にたくさんくっついて血小板血栓《けっしょうばんけっせん》をつくる

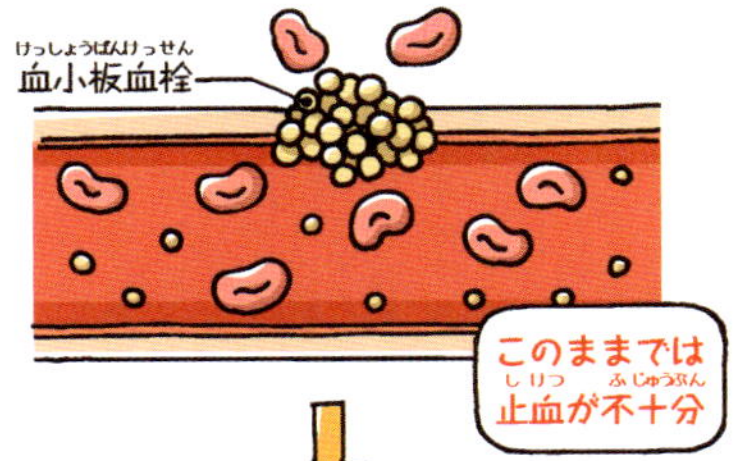

3、血液凝固因子《けつえきぎょうこいんし》などによる二次止血《にじしけつ》

血液凝固因子《けつえきぎょうこいんし》が連動《れんどう》してはたらき、フィブリンというタンパク質《しつ》をつくる。フィブリンが膜《まく》を張《は》って頑丈《がんじょう》な止血栓《しけつせん》をつくり、血管《けっかん》のやぶれた場所《ばしょ》をおおう

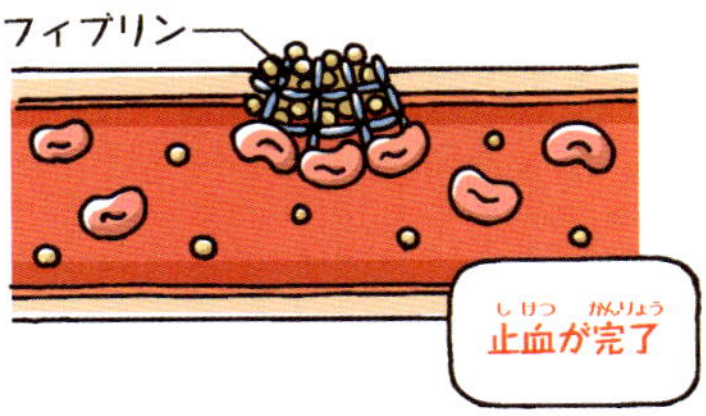

Q 内出血《ないしゅっけつ》は
いつのまにか消《き》えているけど、
出血《しゅっけつ》した血《ち》はどこへいったの？

A 内出血《ないしゅっけつ》の血《ち》は、まわりの組織《そしき》に吸収《きゅうしゅう》されてなくなります。

内出血《ないしゅっけつ》は、一般《いっぱん》には打撲《だぼく》などによって血管《けっかん》がやぶれて皮《ひ》膚《ふ》の下《した》に血《ち》がたまった状態《じょうたい》です。はじめ、赤《あか》く内出血《ないしゅっけつ》した部分《ぶぶん》は紫色《むらさきいろ》のアザになり、しばらくすると紫《むらさき》から青色《あおいろ》に変《へん》化《か》します。これは内出血《ないしゅっけつ》した血液《けつえき》のヘモグロビンがこわれて、赤《あか》い色素《しきそ》を失《うしな》うからです。青《あお》みがかったアザはやがて黄《き》色《いろ》に変《か》わり、数日《すうじつ》すると消《き》え、もとの皮膚《ひふ》の色《いろ》に戻《もど》ります。

こうして内出血《ないしゅっけつ》の血《ち》は、時間《じかん》とともにまわりの組織《そしき》に吸収《きゅうしゅう》されてなくなります。

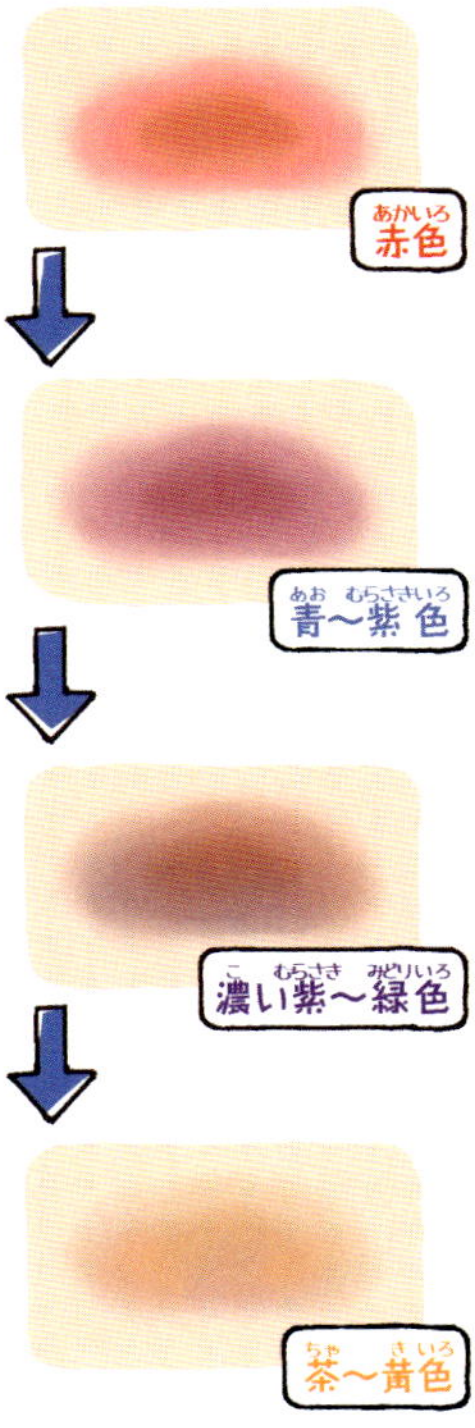

Q

血《ち》は臓器《ぞうき》ごとに、どのような割合《わりあい》で配分《はいぶん》されているの？

A 血液《けつえき》の配分《はいぶん》は、運動《うんどう》や食事《しょくじ》で変《か》わります。

体《からだ》のなかの血液量《けつえきりょう》を100%とすると、安静《あんせい》にしているときは脳《のう》に13〜15%、心臓《しんぞう》に約《やく》4〜5%、肝臓《かんぞう》と消化管《しょうかかん》に20〜25%、腎臓《じんぞう》に約《やく》20%、骨格筋《こっかくきん》（骨格《こっかく》についている筋肉《きんにく》）に約《やく》15〜20%、皮膚《ひふ》に3〜6%、骨《ほね》やそのほかの部分《ぶぶん》に10〜15%の割合《わりあい》で配分《はいぶん》されています。運動《うんどう》しているときは、骨格筋《こっかくきん》を動《うご》かすために多《おお》くの酸素《さんそ》が必要《ひつよう》となるので、骨格筋《こっかくきん》に配分《はいぶん》される血液量《けつえきりょう》は増《ふ》え、消化管《しょうかかん》への血液《けつえき》の配分《はいぶん》が減《へ》ります。また食事《しょくじ》をしているときは、消化管《しょうかかん》に配分《はいぶん》される血液量《けつえきりょう》が増《ふ》えます。ただし、脳《のう》にはいつもほぼ一定《いってい》の血液量《けつえきりょう》が配分《はいぶん》されています。

臓器《ぞうき》	脳《のう》	心臓《しんぞう》	肝臓《かんぞう》と消化管《しょうかかん》	腎臓《じんぞう》	骨格筋《こっかくきん》	皮膚《ひふ》	骨《ほね》・そのほか
	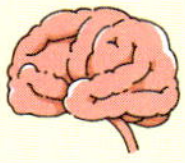	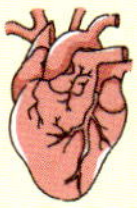	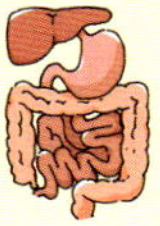		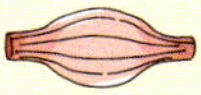	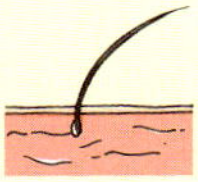	
安静時《あんせいじ》の血液配分《けつえきはいぶん》	13〜15%	4〜5%	20〜25%	20%	15〜20%	3〜6%	10〜15%
運動時《うんどうじ》の血液配分《けつえきはいぶん》	ほとんど変化《へんか》なし	ほとんど変化《へんか》なし	3〜5%	2〜4%	80〜85%		1〜2%

Q

蚊《か》が吸《す》った血液《けつえき》はだれの血液《けつえき》かわかるのでしょうか？

A わかっちゃいます！

蚊《か》が吸《す》った血液《けつえき》をとって、DNA型《ディーエヌエーがた》を調《しら》べると犯人《はんにん》がわかるかもしれない！

実《じつ》は、蚊《か》が吸《す》った血液《けつえき》からDNA《ディーエヌエー》（29ページ）を調《しら》べることができるのです。蚊《か》の体内《たいない》にある血《ち》は、蚊《か》が吸《す》ってから2日後《ふつかご》までならDNA型《ディーエヌエーがた》によって、個人《こじん》を特定《とくてい》できます。犯《はん》罪捜査《ざいそうさ》で、指紋《しもん》・血痕《けっこん》などの試料《しりょう》から科学的《かがくてき》に犯人《はんにん》を調《しら》べる鑑識技術《かんしきぎじゅつ》のひとつとして利《り》用《よう》が期待《きたい》されています。

Q

寿命《じゅみょう》で役割《やくわり》を終《お》えた赤血球《せっけっきゅう》はどうなっちゃうの？

A マクロファージに食《た》べられて分解《ぶんかい》されます。

人《ひと》の赤血球《せっけっきゅう》の寿命《じゅみょう》は120日《にち》（約《やく》4カ月《かげつ》）です。寿命《じゅみょう》をむかえた赤血球《せっけっきゅう》は、おもに脾臓《ひぞう》で白血球《はっけっきゅう》の仲間《なかま》であるマクロファージにつかまり、食《た》べられて分解《ぶんかい》されます。分解《ぶんかい》された赤血球《せっけっきゅう》の成分《せいぶん》は老廃物《ろうはいぶつ》となり、おしっこやうんちとして体《からだ》の外《そと》へ出《だ》されます。ただし、アミノ酸《さん》や鉄《てつ》などの一《いち》部《ぶ》の成分《せいぶん》は、タンパク質《しつ》や赤《せっ》血球《けっきゅう》をつくるための材料《ざいりょう》として再利用《さいりよう》されます。分解《ぶんかい》された赤血球《せっけっきゅう》の成分《せいぶん》の一部《いちぶ》は、効《こう》率《りつ》よく利用《りよう》されているのです。

Q

どうしてA《エー》型《がた》、B《ビー》型《がた》の次《つぎ》がC《シー》型《がた》じゃなくて、O《オー》型《がた》なんですか？

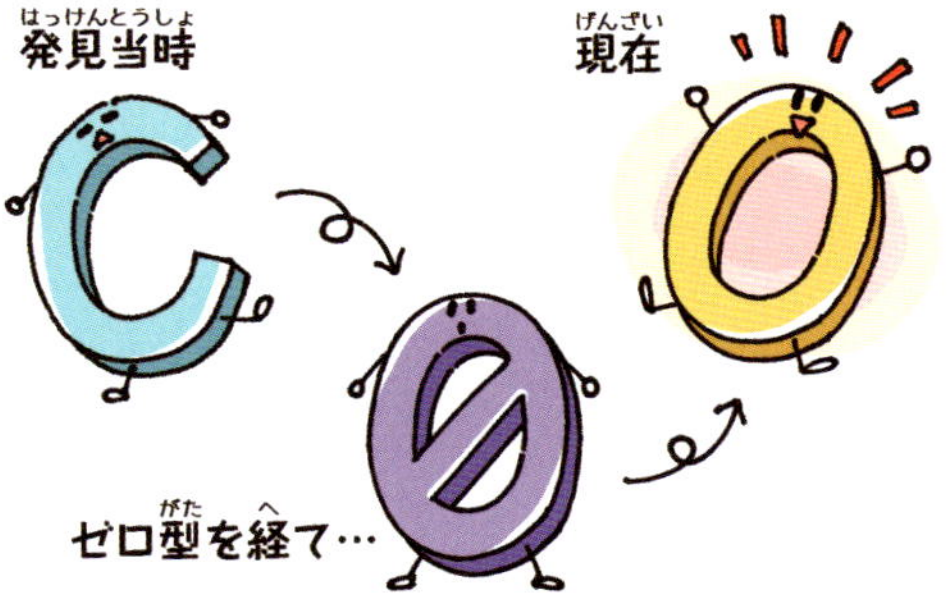

A 最初《さいしょ》の分類《ぶんるい》ではA型《エーがた》、B型《ビーがた》、C型《シーがた》でした。

ランドシュタイナー（10ページ）が血液型《けつえきがた》を発見《はっけん》したときは、A型《エーがた》、B型《ビーがた》、C型《シーがた》の3種《しゅ》類《るい》に分《わ》けられていました。その後《ご》、4番目《ばんめ》の血液型《けつえきがた》であるAB型《エービーがた》も発見《はっけん》されました。

C型《シーがた》の赤血球《せっけっきゅう》は、ほかの血清《けっせい》（08ページ）と混《ま》ぜてもすべて凝集《ぎょうしゅう》（11ページ）しなかったことから、呼《よ》び方《かた》が0（ゼロ）型《がた》に変《か》わり、0（ゼロ）の形《かたち》がアルファベットの〝O〟に似《に》ていることからO型《オーがた》と呼《よ》ばれるようになり、現在《げんざい》のA《エー》型《がた》、B型《ビーがた》、O型《オーがた》、AB型《エービーがた》の呼《よ》び名《な》になったという説《せつ》があります。ヨーロッパやアメリカでは、今《いま》でもO型《オーがた》を0（ゼロ）型《がた》と呼《よ》ぶことがあるそうです。

Q

輸血《ゆけつ》で万能《ばんのう》な血液型《けつえきがた》って
O《オー》型《がた》ですか？

A すべての血液型《けつえきがた》に血液《けつえき》（赤血球《せっけっきゅう》）をあげられるのはO型《オーがた》。すべての血液型《けつえきがた》から血液《けつえき》（赤血球《せっけっきゅう》）をもらえるのはAB型《エービーがた》。

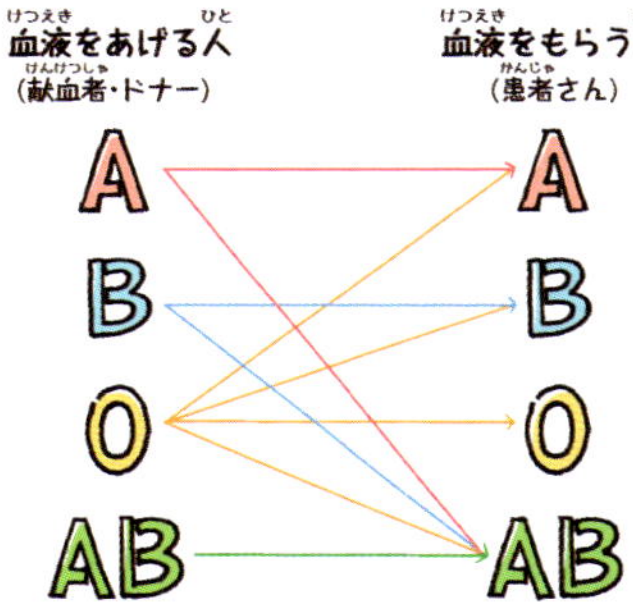

O型《オーがた》の赤血球《せっけっきゅう》にはA抗原《エーこうげん》もB抗原《ビーこうげん》もないので、O型《オーがた》の赤血球《せっけっきゅう》はすべての血液型《けつえきがた》の人《ひと》に輸血《ゆけつ》（106ページ）できます。その一方《いっぽう》、AB型《エービーがた》は血漿《けっしょう》にA抗原《エーこうげん》やB抗原《ビーこうげん》と凝集《ぎょうしゅう》する自然抗体《しぜんこうたい》（15ページ）をもたないため、AB型《エービーがた》の人《ひと》はすべての血液型《けつえきがた》から血液《けつえき》をもらえます。ただし、現在《げんざい》は緊急時《きんきゅうじ》など特別《とくべつ》な場合《ばあい》をのぞき、違《ちが》う血液型《けつえきがた》での輸血《ゆけつ》はおこなわず、同《おな》じ血液型《けつえきがた》どうしで輸血《ゆけつ》することが決《き》められています。

Q

蚊《か》に吸《す》われやすい血液型《けつえきがた》はあるの？

A いろいろな研究《けんきゅう》がされています。

O型《オーがた》はA型《エーがた》の人《ひと》よりも蚊《か》にさされやすい、蚊《か》が吸《す》った血《けつ》液《えき》を調《しら》べるとAB型《エービーがた》の遺伝子《いでんし》が多《おお》かったなど、蚊《か》に吸《す》われやすいこととABO式血液型《エービーオーしきけつえきがた》との関係《かんけい》については、いろいろな研究《けんきゅう》が報告《ほうこく》されています。

また、熱帯熱《ねったいねつ》マラリア原虫《げんちゅう》と呼《よ》ばれる寄生虫《きせいちゅう》をもつ蚊《か》にさされて感染《かんせん》した人《ひと》の血液型《けつえきがた》は、ほかの血液型《けつえきがた》に比《くら》べてO《オー》型《がた》が少《すく》ないという研究《けんきゅう》もあります。これは、O型《オーがた》の人《ひと》の血《けつ》液《えき》は熱帯熱《ねったいねつ》マラリア原虫《げんちゅう》が体《からだ》のなかに入《はい》ってきても、感染《かんせん》しにくい性質《せいしつ》をもつためと考《かんが》えられています。

Q 自分《じぶん》の血液型《けつえきがた》とは違《ちが》う血液型《けつえきがた》を輸血《ゆけつ》するとどうなるのですか？

A　赤血球《せっけっきゅう》がこわれて副作用《ふくさよう》などの重《おも》い症状《しょうじょう》が出《で》ます。

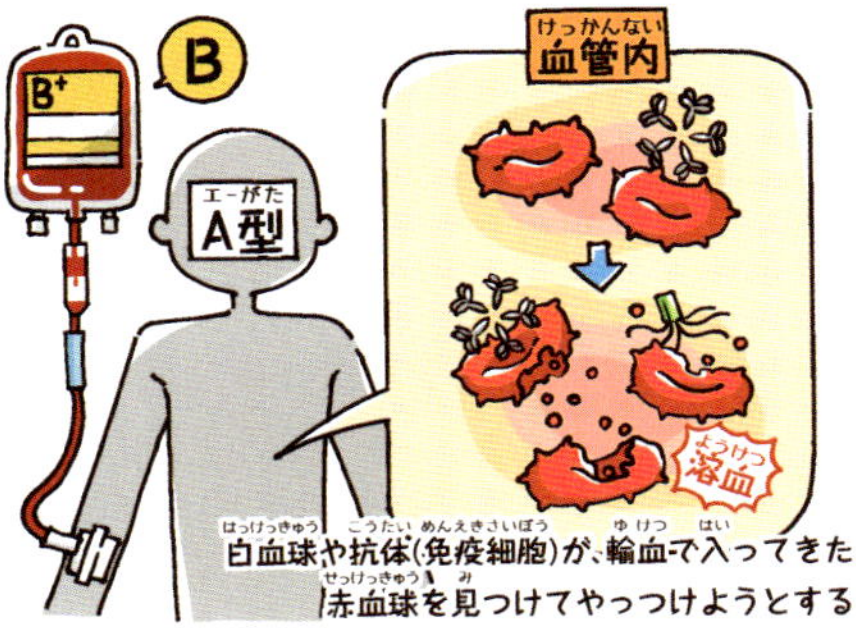

　人《ひと》も動物《どうぶつ》も、同《おな》じ血液型《けつえきがた》ではない血液《けつえき》が体《からだ》のなかに入《はい》ると、副作用《ふくさよう》（121ページ）という体《からだ》にとって良《よ》くない症状《しょうじょう》が起《お》こります。この副作用《ふくさよう》のひとつに溶血《ようけつ》（15ページ）があり、このような副作用《ふくさよう》を起《お》こさないために、輸血《ゆけつ》するときは輸《ゆ》血《けつ》する血液《けつえき》と輸血《ゆけつ》を受《う》ける血《けつ》液《えき》の血液型《けつえきがた》が合《あ》っているかを確認《かくにん》します。

　くわしくは第《だい》4章《しょう》パート1「人《ひと》の輸血《ゆけつ》・献血《けんけつ》」を読《よ》んでみましょう。

Q

違《ちが》う生物《せいぶつ》どうしで輸血《ゆけつ》することはどうしてダメなんですか？

A 生物《せいぶつ》にはそれぞれ特有《とくゆう》の血液型《けつえきがた》があるからです。

生物《せいぶつ》にはそれぞれに特有《とくゆう》の血液型《けつえきがた》があります。第《だい》1章《しょう》でお話《はなし》したように、血液型《けつえきがた》を決《き》めているのは赤血球《せっけっきゅう》の膜《まく》にある血液型抗原《けつえきがたこうげん》です。そのため違《ちが》う生物《せいぶつ》どうしで輸血《ゆけつ》すると、体《からだ》に入《はい》ったほかの生物《せいぶつ》の血液型抗原《けつえきがたこうげん》を白血球《はっけっきゅう》たちが異《い》物《ぶつ》と認識《にんしき》し、やっつけようとするため、輸血《ゆけつ》された赤血球《せっけっきゅう》は溶血《ようけつ》してしまいます。人《ひと》とチンパンジーは同《おな》じ霊長類《れいちょうるい》ですが、たとえABO式血液型《エービーオーしきけつえきがた》でA型《エーがた》どうしでも、チンパンジーにはチンパンジー特有《とくゆう》の血液型抗原《けつえきがたこうげん》や物質《ぶっしつ》が存在《そんざい》します。細菌《さいきん》やウイルスが含《ふく》まれているかもしれません。このように、種《しゅ》をこえて輸血《ゆけつ》をすることは危険《きけん》なのです。

Q
血液型《けつえきがた》って どうやって決《き》まるんですか？

A 血液型《けつえきがた》は親《おや》がもつ血液型《けつえきがた》の遺伝子《いでんし》によって決《き》まります。

血液型《けつえきがた》の遺伝子《いでんし》は、両親《りょうしん》からひとつずつ受《う》けつぎ2つもちます。ABO式血液型《エービーオーしきけつえきがた》には A、B、Oの3つの遺伝子《いでんし》があり、どの遺伝子《いでんし》を2つもつかで血液型《けつえきがた》は決《き》まります。この2つの遺伝子《いでんし》の組《く》み合《あ》わせを記号《きごう》であらわしたものを「遺伝子型《いでんしがた》」と呼《よ》び、これら遺伝《いでん》の法則《ほうそく》はすこし複雑《ふくざつ》です。

A《エー》遺伝子《いでんし》とB《ビー》遺伝子《いでんし》はO《オー》遺伝子《いでんし》に対《たい》して「顕性《けんせい》（優性《ゆうせい》）」で、O《オー》遺伝子《いでんし》よりも特徴《とくちょう》が出《で》やすいです（形質《けいしつ》が発現《はつげん》する）。逆《ぎゃく》に、O《オー》遺伝子《いでんし》はA《エー》遺伝子《いでんし》とB《ビー》遺伝子《いでんし》に比《くら》べて「潜性《せんせい》（劣性《れっせい》）」で、特徴《とくちょう》が出《で》にくいです（形質《けいしつ》が隠《かく》れる）。そして、A《エー》遺伝子《いでんし》とB《ビー》遺伝子《いでんし》は互《たが》いに「共優性《きょうゆうせい》」で、両方《りょうほう》の特徴《とくちょう》が出《で》ます。

つまり、A《エー》遺伝子《いでんし》をひとつでももっていたらA型《エーがた》（遺伝子型《いでんしがた》：AA型《エーエーがた》またはAO型《エーオーがた》）、B《ビー》遺伝子《いでんし》をひとつでももっていたらB型《ビーがた》（遺伝子型《いでんしがた》：BB型《ビービーがた》またはBO型《ビーオーがた》）、O《オー》遺伝子《いでんし》を2つもつとO型《オーがた》（遺伝子型《いでんしがた》：OO型《オーオーがた》）、A《エー》遺伝子《いでんし》とB《ビー》遺伝子《いでんし》をひとつずつもつとAB型《エービーがた》（遺伝子型《いでんしがた》：AB型《エービーがた》）になるのです。

OO型《オーオーがた》

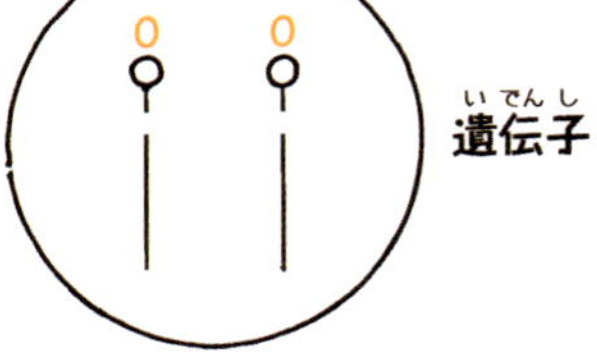

O遺伝子《オーいでんし》が2つそろえば
O型《オーがた》になる

AB型《エービーがた》

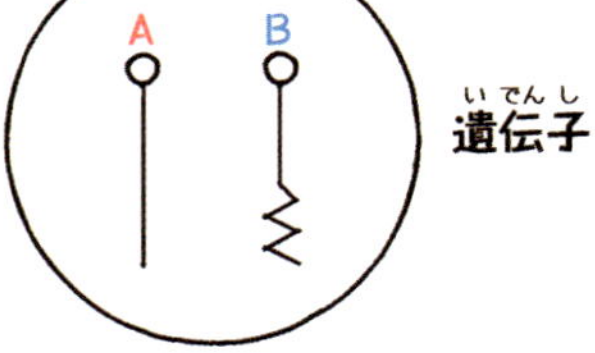

A遺伝子《エーいでんし》とB遺伝子《ビーいでんし》を
ひとつずつもつとAB《エービー》
型《がた》になる

血液型《けつえきがた》は親《おや》がもつ血液型抗原《けつえきがたこうげん》の種類《しゅるい》によって決《き》まります。
血液型抗原《けつえきがたこうげん》をつくっているのは遺伝子《いでんし》なので、
実際《じっさい》は遺伝子《いでんし》によって血液型《けつえきがた》が決定《けってい》します。

AA型《エーエーがた》

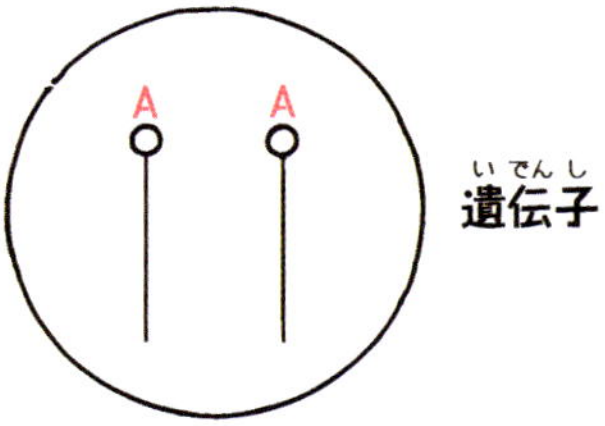

BB型《ビービーがた》

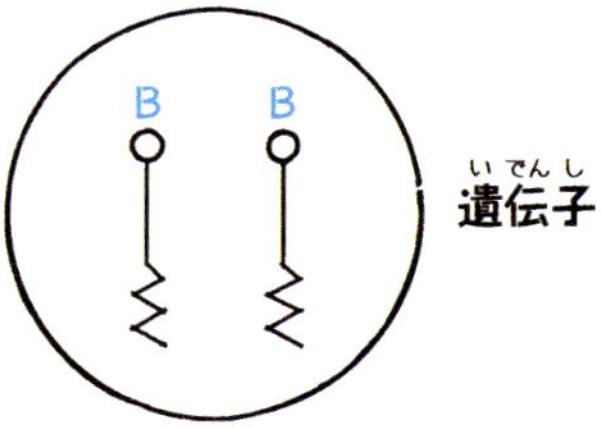

AO型《エーオーがた》

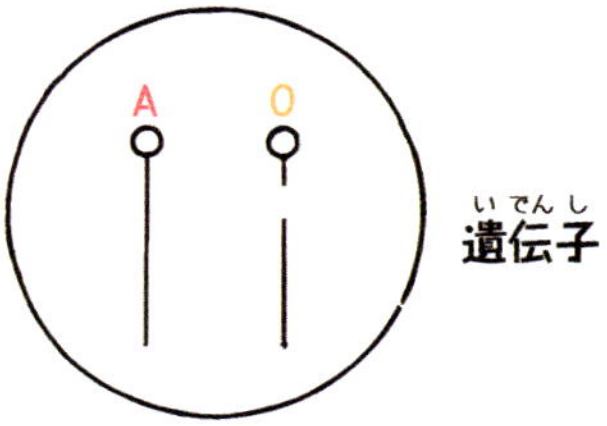

BO型《ビーオーがた》

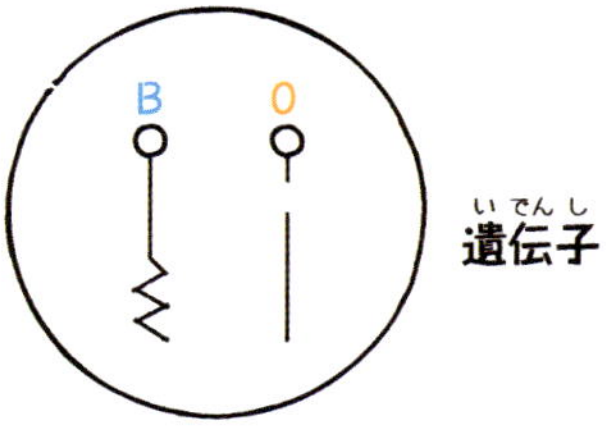

A《エー》遺伝子《いでんし》またはB《ビー》遺伝子《いでんし》をひとつでも
もっていれば、A型《エーがた》またはB型《ビーがた》になる

Q

親《おや》と違《ちが》う血液型《けつえきがた》になるのは どうしてですか？

お父《とう》さん ＼ お母《かあ》さん		A型《エーがた》 (AA)	A型《エーがた》 (AO)	B型《ビーがた》 (BB)	B型《ビーがた》 (BO)	O型《オーがた》 (OO)	AB型《エービーがた》 (AB)
A型《エーがた》	(AA)	A	A	AB	A、AB	A	A、AB
	(AO)	A	A、O	B、AB	A、B、O、AB	A、O	A、B、AB
B型《ビーがた》	(BB)	AB	B、AB	B	B	B	B、AB
	(BO)	A、AB	A、B、O、AB	B	B、O	B、O	A、B、AB
O型《オーがた》	(OO)	A	A、O	B	B、O	O	A、B
AB型《エービーがた》	(AB)	A、AB	A、B、AB	B、AB	A、B、AB	A、B	A、B、AB

※カッコ内《ない》は遺伝子型《いでんしがた》を示《しめ》している。表《ひょう》はお父《とう》さんとお母《かあ》さんの血液型《けつえきがた》から生《う》まれる可能性《かのうせい》のあるこどもの血液型《けつえきがた》を示《しめ》している

A 親《おや》から遺伝子《いでんし》を半分《はんぶん》ずつもらうことで遺伝子型《いでんしがた》が変《か》わってくるからです。

お父《とう》さんの血液型《けつえきがた》がB型《ビーがた》で、お母《かあ》さんの血液型《けつえきがた》がA型《エーがた》だと、生《う》まれるこどもの血液《けつえき》型《がた》はA型《エーがた》、B型《ビーがた》、O型《オーがた》、AB《エービー》型《がた》のどれにでもなる可能性《かのうせい》があります。これはお父《とう》さんの遺伝子型《いでんしがた》がBO型《ビーオーがた》、お母《かあ》さんの遺伝子型《いでんしがた》がAO型《エーオーがた》の場合《ばあい》です。

ABO式血液型《エービーオーしきけつえきがた》は遺伝《いでん》の法《ほう》則《そく》に基《もと》づいています（91ページ）。そして同《おな》じ血液型《けつえきがた》でももっている遺伝子《いでんし》の組《く》み合《あ》わせが違《ちが》う場合《ばあい》があります。親《おや》と子《こ》で違《ちが》う血液型《けつえきがた》になるのは、両親《りょうしん》の遺伝子《いでんし》を半分《はんぶん》ずつもらってこどもの遺伝子型《いでんしがた》が決《き》まるからです。

Q

おとなになってから血液型《けつえきがた》が変《か》わることってあるの？

A 血液《けつえき》の病気《びょうき》で血液型《けつえきがた》が変《か》わることがあります。

血液型《けつえきがた》は本来《ほんらい》変《か》わることはありません。ただし、白血病《はっけつびょう》などの血液《けつえき》の病気《びょうき》によってA《エー》型《がた》からO型《オーがた》に変《か》わるなど、まれに起《お》こるようです。その原《げん》因《いん》は、病気《びょうき》により赤血球《せっけっきゅう》の膜《まく》の表面《ひょうめん》が変化《へんか》したり、血液型《けつえきがた》抗原《こうげん》をつくる酵素《こうそ》が上手《じょうず》にはたらかないためと考《かんが》えられています。また、白血病《はっけつびょう》などの治療《ちりょう》でおこなわれる骨髄移植《こつずいいしょく》では、ABO式血液型《エービーオーしきけつえきがた》の異《こと》なるドナー（骨髄提供者《こつずいていきょうしゃ》）から骨髄移植《こつずいいしょく》がおこなわれると、移植《いしょく》された骨髄《こつずい》から赤血球《せっけっきゅう》がつくられるようになるので患《かん》者《じゃ》さんの血液型《けつえきがた》が変《か》わっていきます。たとえば、O型《オーがた》の患《かん》者《じゃ》さんがA型《エーがた》のドナーからの骨髄《こつずい》を移植《いしょく》した場合《ばあい》は、A型《エーがた》へと血液型《けつえきがた》が変《か》わります。この場合《ばあい》に血液型《けつえきがた》が変《か》わることは、ABO式血液型《エービーオーしきけつえきがた》が違《ちが》うドナーからの骨髄移植《こつずいいしょく》が成功《せいこう》したともいえます。

Q めずらしい血液型《けつえきがた》ってありますか？

Aあります。

おおよそ100人《にん》に1人《ひとり》(1%以下《いか》の確率《かくりつ》)より少《すく》ない頻度《ひんど》であらわれる血液型《けつえきがた》は、まれな血液型《けつえきがた》(稀血《まれけつ》)と呼《よ》ばれています。Rh《アールエイチ》マイナスもそのあらわれる頻度《ひんど》は約《やく》200人《にん》に1人《ひとり》(約《やく》0・5%の確率《かくりつ》)なのでまれな血液型《けつえきがた》といえます。

ABO式血液型《エービーオーしきけつえきがた》のAB型《エービーがた》に関《かん》連《れん》するまれな血液型《けつえきがた》に、Cis《シス》AB《エービー》があります。これは1万人《まんにん》に1人《ひとり》くらい(約《やく》0・00012%もの確率《かくりつ》)に見《み》られる血《けつ》液型《えきがた》です。CisAB《シスエービー》は血液《けつえき》型《がた》としてはAB型《エービーがた》と同《おな》じですが、AB型《エービーがた》からO型《オーがた》のこどもが生《う》まれたことで見《み》つかりました(95ページの表《ひょう》に注目《ちゅうもく》。通常《つうじょう》ならAB型《エービーがた》からはどんな組《く》み合《あ》わせをしてもO型《オーがた》は生《う》まれないのです!)。AB型《エービーがた》の人《ひと》はA《エー》遺伝《いでん》子《し》とB《ビー》遺伝子《いでんし》をもつのでAB《エービー》型《がた》になりますが、CisAB《シスエービー》型《がた》の人《ひと》はひとつの遺伝子《いでんし》にAとBの2つの特徴《とくちょう》を合《あ》わせもつCisAB《シスエービー》遺伝子《いでんし》をもちます。めずらしい血液型《けつえきがた》はこのほかにもあり、日本人《にほんじん》にも見《み》つかっています。

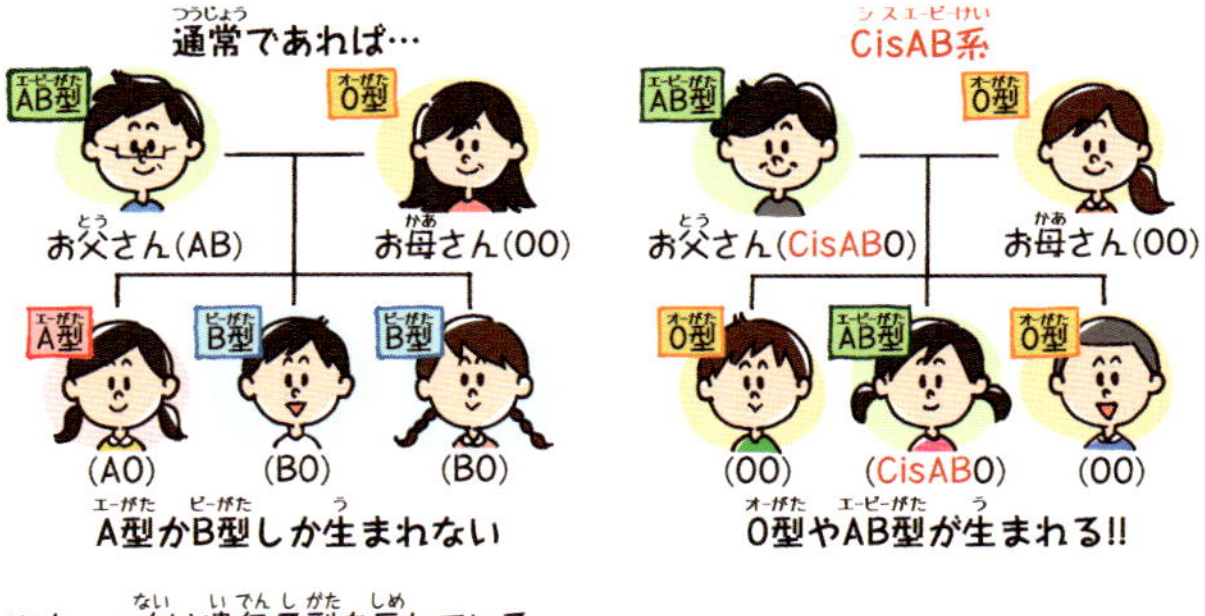

※カッコ内《ない》は遺伝子型《いでんしがた》を示《しめ》している

Q

猫《ねこ》のAB《エービー》型《がた》ってどうしてめずらしいの？

A

AB型《エービーがた》を決《き》める遺伝子《いでんし》の数《かず》が少《すく》ないためと考《かんが》えられています。

猫《ねこ》のAB血液型《エービーけつえきがた》システムにはCMAH遺伝子《シーエムエーエイチいでんし》が関係《かんけい》しています。CMAH遺伝子《シーエムエーエイチいでんし》にはひとつの正常《せいじょう》な遺伝子《いでんし》と8つの変異遺伝子《へんいいでんし》（一部《いちぶ》の構造《こうぞう》が正常《せいじょう》ではない遺伝子《いでんし》）が存在《そんざい》します。A型《エーがた》の猫《ねこ》は正常《せいじょう》な遺伝子《いでんし》を2つ、またはひとつもっています。一方《いっぽう》、AB型《エービーがた》とB型《ビーがた》の猫《ねこ》は8つある変異《へんい》した遺伝子《いでんし》のうち、2つをもっています。その組《く》み合《あ》わせはAB型《エービーがた》で3通《とお》り、B型《ビーがた》で8通《とお》りあります。AB型《エービーがた》がめずらしいのは、AB型《エービーがた》になる遺伝子《いでんし》の組《く》み合《あ》わせが少《すく》ないだけでなく、そもそもの変異《へんい》した遺伝子自体《いでんしじたい》の数《かず》が少《すく》ないためと考《かんが》えられています。

なお、変異《へんい》した遺伝子《いでんし》をもっていても血液型《けつえきがた》が違《ちが》うだけで、問題《もんだい》はありません。

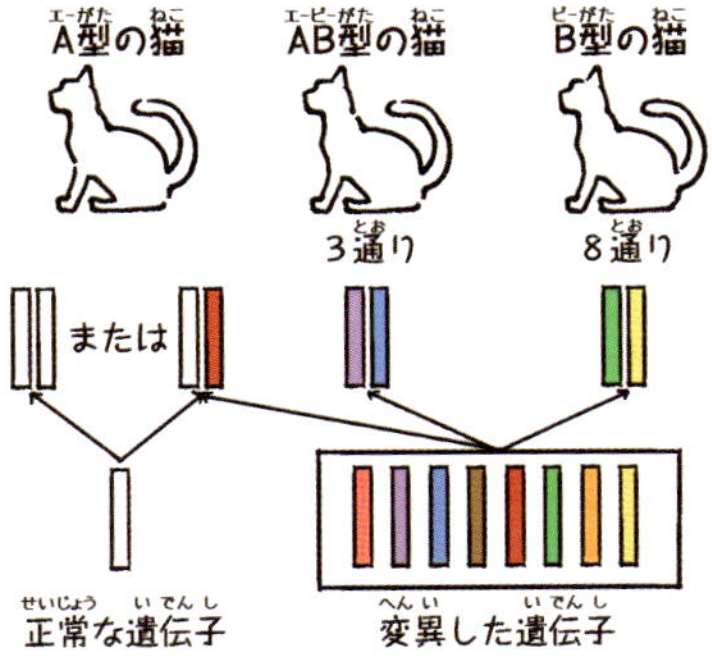

Q

植物《しょくぶつ》も血液型《けつえきがた》に似《に》た成分《せいぶん》をもっているのでしょうか？

A 植物《しょくぶつ》によっては、人《ひと》の血液型抗原《けつえきがたこうげん》に似《に》た成分《せいぶん》をもっていることがわかっています。

たとえば、サトイモやブドウはABO《エービーオー》式血液型《しきけつえきがた》でいうO《オー》型《がた》と判定《はんてい》されるH抗原《エイチこうげん》をもっています。アオキというアオキ科《か》の植物《しょくぶつ》はA型《エーがた》、ツルマサキというニシキギ科《か》の植物《しょくぶつ》はB型《ビーがた》、ソバはAB型《エービーがた》に似《に》た成《せい》分《ぶん》をもっています。

第《だい》4章《しょう》

知《し》っておこう
輸血《ゆけつ》・献血《けんけつ》事情《じじょう》

血液型《けつえきがた》は輸血《ゆけつ》・献血《けんけつ》でとても大切《たいせつ》な役割《やくわり》をもっています。現在《げんざい》、輸血《ゆけつ》・献血《けんけつ》がおこなわれているのは人《ひと》、犬《いぬ》、猫《ねこ》です。人《ひと》と犬《いぬ》・猫《ねこ》の輸血《ゆけつ》・献血《けんけつ》には、どのような違《ちが》いがあるのでしょうか。

ここではパート1で人《ひと》の輸血《ゆけつ》・献血《けんけつ》を、パート2で犬《いぬ》と猫《ねこ》の輸血《ゆけつ》・献血《けんけつ》をご紹介《しょうかい》します。

パート1

人《ひと》の輸《ゆ》血《けつ》・献《けん》血《けつ》

輸《ゆ》血《けつ》のはじまり

血《けつ》液《えき》は生《せい》命《めい》にとってかけがえのないもので、古《こ》代《だい》エジプトから不《ふ》思《し》議《ぎ》な力《ちから》をもつ神《しん》秘《ぴ》的《てき》なものと誰《だれ》もが信《しん》じていました。むかしは農《のう》作《さく》物《もつ》がたくさん収《しゅう》穫《かく》できることを願《ねが》って畑《はたけ》に血《けつ》液《えき》をまいたり、若《わか》返《がえ》りや病《びょう》気《き》回《かい》復《ふく》の妙《みょう》薬《やく》（不《ふ》思《し》議《ぎ》によく効《き》く薬《くすり》）として利《り》用《よう》されたりしていました。

1616年《ねん》にイギリス人《じん》の医《い》師《し》、ハーベイが〝血《けつ》液《えき》は心《しん》臓《ぞう》が動《うご》くことで体《からだ》中《じゅう》をめぐっている〟という血《けつ》液《えき》循《じゅん》環《かん》説《せつ》を発《はっ》表《ぴょう》しました。それからは出《しゅっ》血《けつ》しても、体《からだ》の外《そと》から体《からだ》のなかに血《けつ》液《えき》をいれる「輸《ゆ》血《けつ》」という治《ち》療《りょう》をすれば命《いのち》は助《たす》かると考《かんが》えられ、血《けつ》液《えき》のほかにもビールや尿《にょう》などいろんなものを動《どう》物《ぶつ》の血《けっ》管《かん》にいれる実《じっ》験《けん》がはじまりました。

人《ひと》への輸《ゆ》血《けつ》のはじまり

人《ひと》への輸《ゆ》血《けつ》は、1667年《ねん》にフランス人《じん》の医《い》師《し》、ドニが貧《ひん》血《けつ》と高《こう》熱《ねつ》がある青《せい》年《ねん》に約《やく》200mLの子《こ》羊《ひつじ》の血《けつ》液《えき》を輸《ゆ》血《けつ》したのがはじまりとされています。この輸《ゆ》血《けつ》で青《せい》年《ねん》はみるみるうちに回《かい》復《ふく》し、さらには諸《しょ》説《せつ》ありますが、おこりっぽい性《せい》格《かく》から子《こ》羊《ひつじ》のようにおとなしい性《せい》格《かく》に変《か》わったと、記《き》録《ろく》されています。

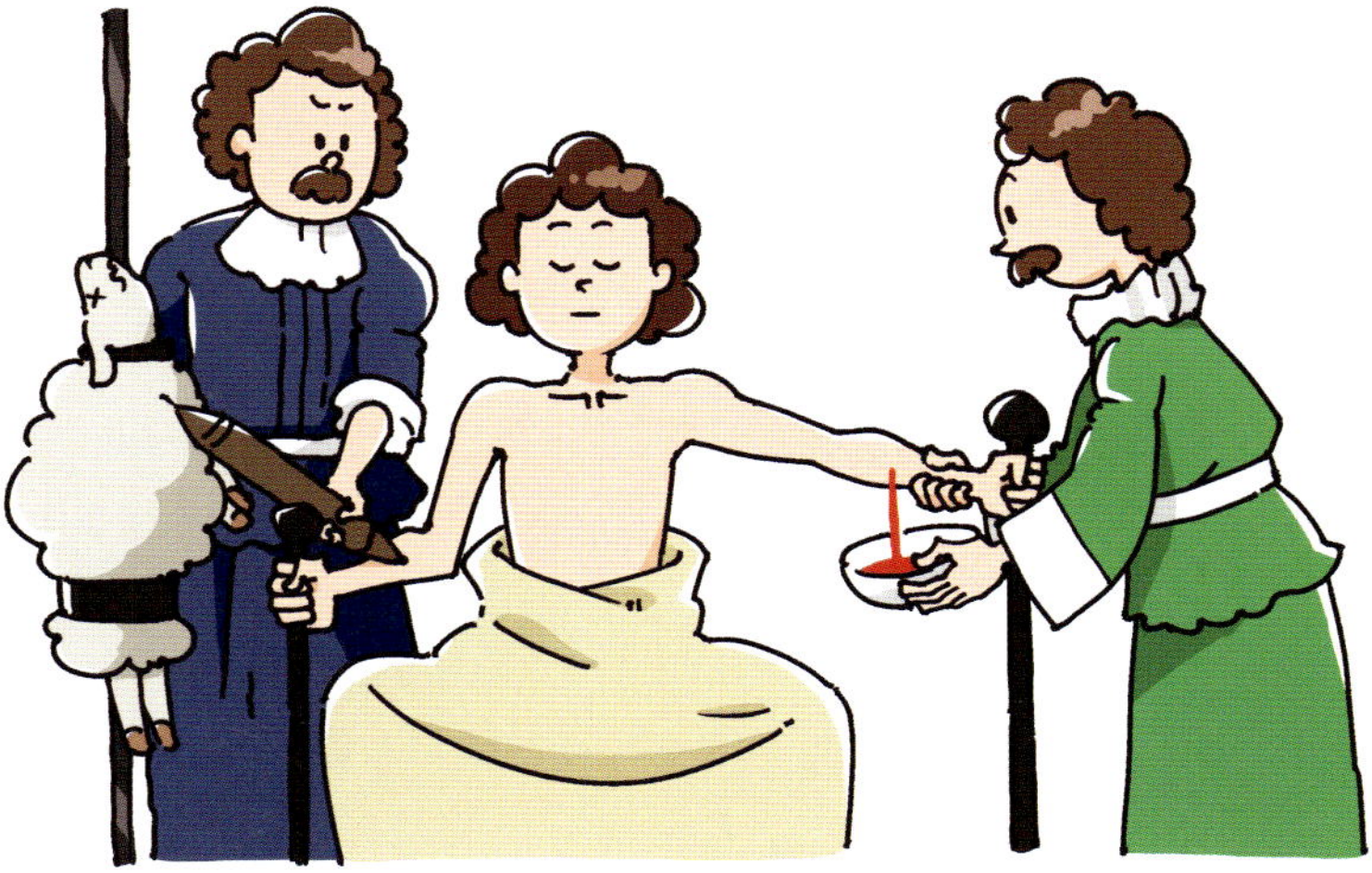

最初《さいしょ》は子羊《こひつじ》の血液《けつえき》を人《ひと》に輸血《ゆけつ》していた

その後《ご》もドニは、患者《かんじゃ》さんたちに子羊《こひつじ》の血《けつ》液《えき》を使《つか》って輸血《ゆけつ》の治療《ちりょう》をしていましたが、そのなかの1人《ひとり》の患者《かんじゃ》さんが重《おも》い副作用《ふくさよう》（121ページ）で亡《な》くなってしまいました。このことにより、ドニは殺人者《さつじんしゃ》として裁判《さいばん》にかけられてしまいます。最終的《さいしゅうてき》にドニは無罪《むざい》となりましたが、これがきっかけで、フランスでは輸血《ゆけつ》が禁止《きんし》されてしまいます。さらにヨーロッパのほかの国《くに》でも輸血《ゆけつ》は禁止《きんし》され、150年《ねん》以上《いじょう》ものあいだ、輸血《ゆけつ》をしたという記録《きろく》はありません。

人《ひと》から人《ひと》への輸血《ゆけつ》のはじまり

1818年《ねん》にイギリス人《じん》の産科医《さんかい》、ブラン

デルが、がんの患者《かんじゃ》さんに人《ひと》の血液《けつえき》を輸血《ゆけつ》したのが、人《ひと》から人《ひと》への輸血《ゆけつ》のはじまりです。このときの輸血《ゆけつ》は失敗《しっぱい》してしまいますが、1825年《ねん》、ブランデルは出産《しゅっさん》による出血《しゅっけつ》で瀕死状態《ひんしじょうたい》だった女性《じょせい》にその夫《おっと》の血液《けつえき》を輸血《ゆけつ》して、救命《きゅうめい》することができました。このことは世界中《せかいじゅう》に広《ひろ》まり、ヨーロッパではふたたび輸血《ゆけつ》に注目《ちゅうもく》が集《あつ》まりました。当時《とうじ》はまだ血液型《けつえきがた》も発見《はっけん》されていなかったうえに、体《からだ》の外《そと》に出《だ》した血液《けつえき》の**凝固**《ぎょうこ》（09ページ）をふせぐ方法《ほうほう》も知《し》られていなかったため、輸血《ゆけつ》が成功《せいこう》する確率《かくりつ》はとても低《ひく》かったようです。

そして1900年《ねん》に、オーストリアのランドシュタイナー（10ページ）が、血液《けつえき》の**凝集**《ぎょうしゅう》（11ページ）という反応《はんのう》からABO式血液型《エービーオーしきけつえきがた》を発見《はっけん》

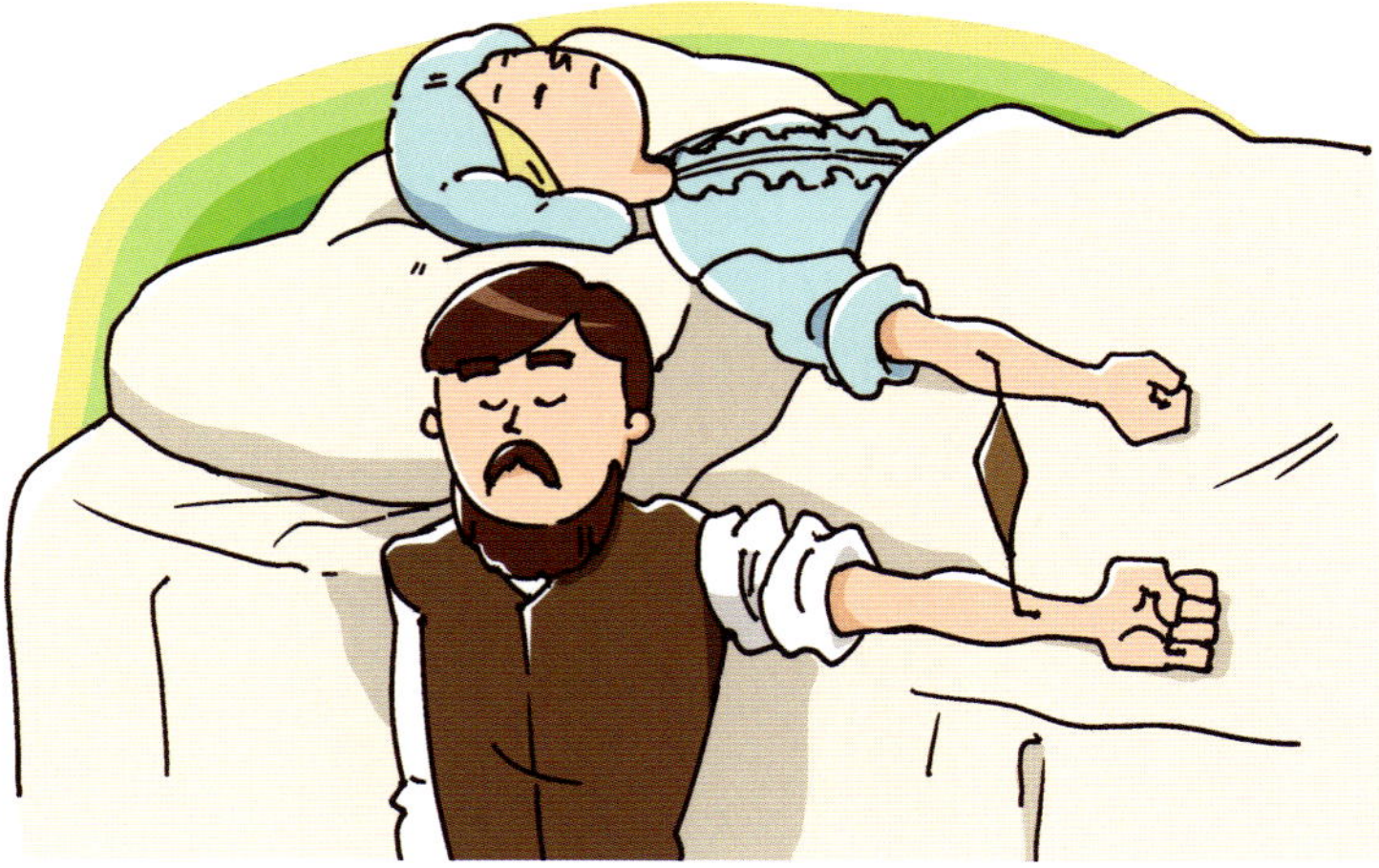

妻《つま》が夫《おっと》から輸血《ゆけつ》を受《う》け、人《ひと》から人《ひと》への輸血《ゆけつ》が成功《せいこう》

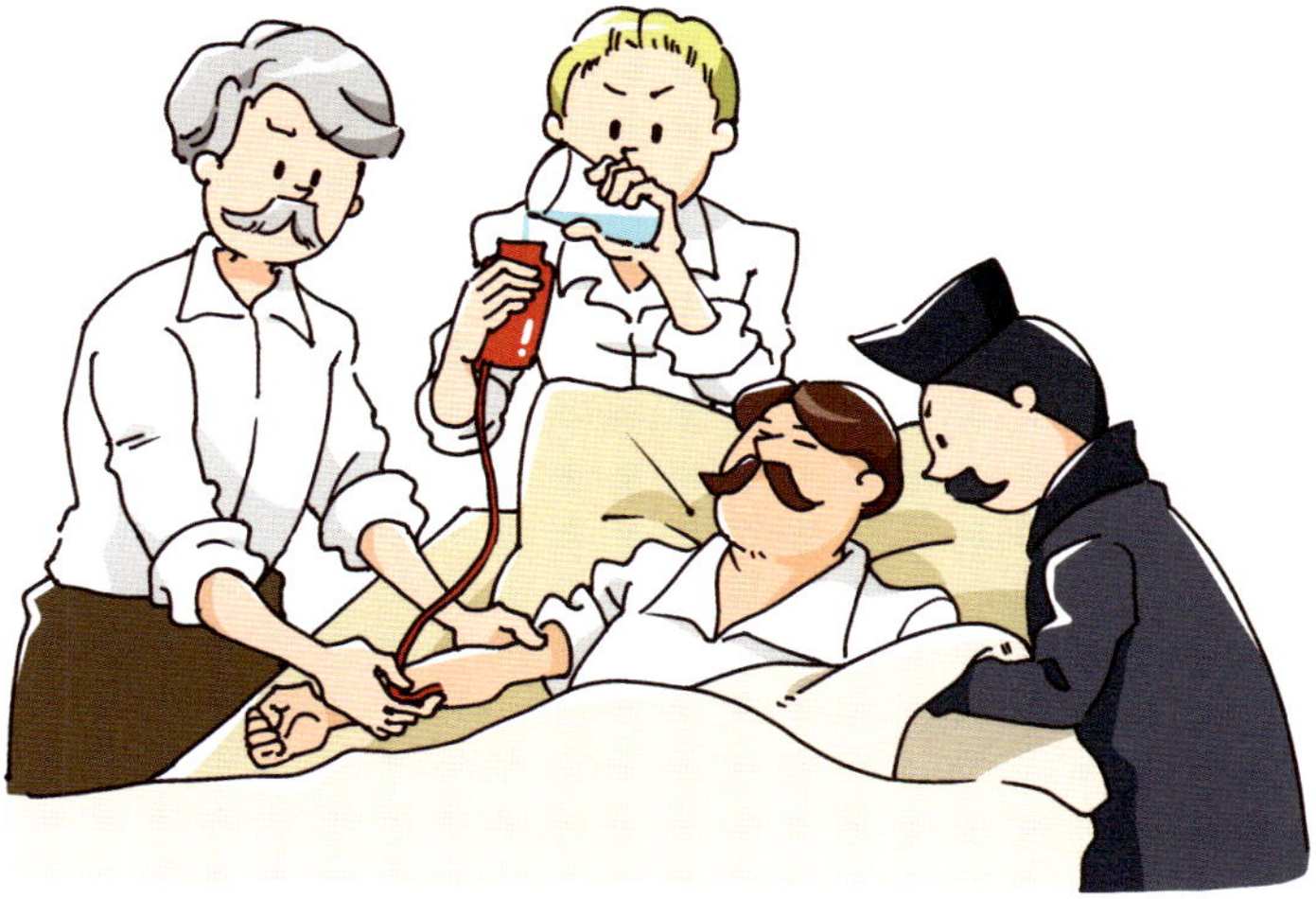

クエン酸《さん》ナトリウムと血液《けつえき》を混《ま》ぜながらの輸血《ゆけつ》

したことで、輸血《ゆけつ》で起《お》きていた重《おも》い副作用《ふくさよう》や死亡事故《しぼうじこ》を減《へ》らすことができました。

さらに、Rh式血液型《アールエイチしきけつえきがた》が発見《はっけん》されてから、輸血《ゆけつ》はほぼ安全《あんぜん》におこなわれるようになりました。1914年《ねん》には、クエン酸《さん》ナトリウムを混《ま》ぜると血液《けつえき》は固《かた》まらないことが発見《はっけん》されて、血液《けつえき》の保存《ほぞん》ができるようになりました。

献血《けんけつ》のはじまり

「献血《けんけつ》」は、輸血《ゆけつ》を必要《ひつよう》としている人《ひと》のために自分《じぶん》の血液《けつえき》を無償《むしょう》で提供《ていきょう》することです。

日本《にほん》で輸血《ゆけつ》が一般《いっぱん》に知《し》られるようになったのは、1930年《ねん》のこと。当時《とうじ》の浜口雄幸《はまぐちおさち》首相《しゅしょう》が東京駅《とうきょうえき》で暴漢《ぼうかん》に襲《おそ》われ出血《しゅっけつ》し、東京《とうきょう》大学《だいがく》の塩田広重教授《しおたひろしげきょうじゅ》が輸血《ゆけつ》で救命《きゅうめい》したことからでした。輸血《ゆけつ》が治療法《ちりょうほう》として知《し》られるようになった1940年代《ねんだい》は、必要《ひつよう》なときに患者《かんじゃ》さんの家族《かぞく》や知人《ちじん》が病院《びょういん》で**採血**《さいけつ》（08ページ）することで血液《けつえき》を確保《かくほ》していました。

1950年代《ねんだい》からは血液《けつえき》の確保《かくほ》は企業《きぎょう》がお金《かね》を出《だ》し、人《ひと》から採血《さいけつ》して血液《けつえき》を販売《はんばい》する「売血《ばいけつ》」という方法《ほうほう》が主体《しゅたい》となりました。当時《とうじ》の日本《にほん》は戦後《せんご》のため、食糧難《しょくりょうなん》や貧困《ひんこん》で生活《せいかつ》が苦《くる》しい時代《じだい》でしたが、1950年代《ねんだい》の売血《ばいけつ》でもらえるお金《かね》は200mLの採血《さいけつ》で400円《えん》。これは当時《とうじ》の2日分《ふつかぶん》の労働賃金《ろうどうちんぎん》と同《おな》じくらいの価値《かち》があり、このお金《かね》をもらうために売血《ばいけつ》をくり返《かえ》す貧《まず》しい人《ひと》たちがたくさんいました。かれらは、体《からだ》のなかで赤血球《せっけっきゅう》の数《かず》が回復《かいふく》しない短《みじか》いあいだに売血《ばいけつ》をくり返《かえ》していました。かれらの血液《けつえき》は赤血球《せっけっきゅう》が少《すく》なく、血《ち》の色《いろ》が黄色《きいろ》に見《み》えたことから「黄色《きいろ》い血《ち》」とも呼《よ》ばれました。売血《ばいけつ》は体調《たいちょう》をくずすなど健康《けんこう》を害《がい》し、また当時《とうじ》はわからなかったB《ビー》型肝炎《がたかんえん》やC《シー》型肝炎《がたかんえん》が広《ひろ》まるきっかけにもなりました。

ときは経《た》ち1964年《ねん》、エドウィン・ライシャワー駐日《ちゅうにち》アメリカ大使《たいし》は暴漢《ぼうかん》に襲《おそ》われ重傷《じゅうしょう》を負《お》います。ライシャワーは手術《しゅじゅつ》で救命《きゅうめい》されましたが、そのときにおこなわれた輸血《ゆけつ》が原因《げんいん》で輸血後肝炎《ゆけつごかんえん》という病気《びょうき》にかかります（ライシャワー事件《じけん》）。これをきっかけに、売血《ばいけつ》ではなく献血《けんけつ》の重要性《じゅうようせい》がマスメディアで取《と》り上《あ》げられるようになりました。国会《こっかい》でも無償《むしょう》の献血制度《けんけつせいど》の確立《かくりつ》が議論《ぎろん》され、その年《とし》の閣議決定《かくぎけってい》で国《くに》、都道府県《とどうふけん》、日本赤十字社《にほんせきじゅうじしゃ》によって無償《むしょう》で献血《けんけつ》をおこなう血液事業《けつえきじぎょう》が運営《うんえい》されることになりました。それから10年後《ねんご》、輸血用《ゆけつよう》の血液《けつえき》は100%献血《けんけつ》によるものとなり、それは今《いま》も続《つづ》いています。日本《にほん》では、この閣議決定《かくぎけってい》がなされた日《ひ》である8月《がつ》21日《にち》を「献血《けんけつ》の日《ひ》」としています。ちなみに、血液型《けつえきがた》を発見《はっけん》したランドシュタイナーの誕生日《たんじょうび》である6月《がつ》14日《か》は、「世界献血者《せかいけんけつしゃ》デー」と呼《よ》ばれています。

輸血用《ゆけつよう》の血液《けつえき》はどうやってつくられるの？

輸血用《ゆけつよう》の血液《けつえき》は、日本《にほん》では現在《げんざい》100%献血《けんけつ》によって確保《かくほ》されています。日本《にほん》での献血《けんけつ》の受《う》け入《い》れは、国《くに》から唯一許可《ゆいいつきょか》をもらっている日本赤十字社《にほんせきじゅうじしゃ》がおこなっています。

献血《けんけつ》ができるのは16〜69歳《さい》までの健康《けんこう》な人《ひと》で、たとえ元気《げんき》でも輸血《ゆけつ》を受《う》ける患者《かんじゃ》さんに影響《えいきょう》を及《およ》ぼす薬《くすり》を飲《の》んでいる人《ひと》や、血液《けつえき》からうつる病気《びょうき》にかかっている人《ひと》はできません。献血者《けんけつしゃ》と患者《かんじゃ》さんの安全《あんぜん》を守《まも》るために決《き》められた「採血基準《さいけつきじゅん》」というルールにしたがって、日本赤十字社《にほんせきじゅうじしゃ》は血液《けつえき》センターや献血《けんけつ》ルーム、さらには車内《しゃない》で採血《さいけつ》できるように

献血《けんけつ》バス

車内《しゃない》で献血《けんけつ》できるように改造《かいぞう》されている

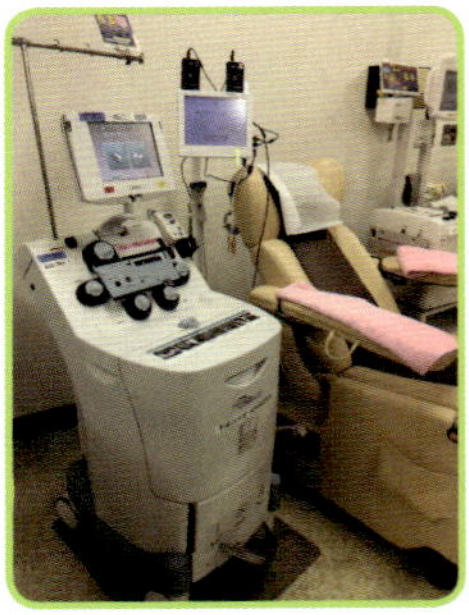

成分採血装置《せいぶんさいけつそうち》

献血《けんけつ》ルーム

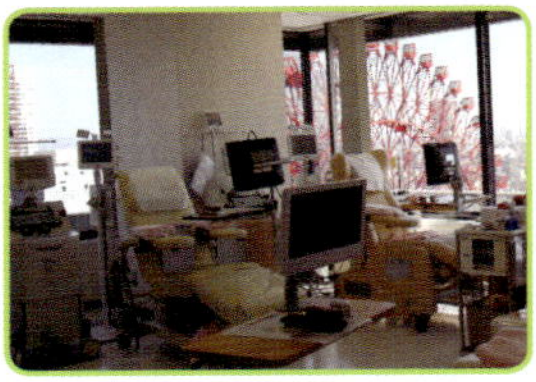

改造《かいぞう》されたバスで駅《えき》や会社《かいしゃ》などに出《で》かけて、献血《けんけつ》をおこなっています。

輸血用《ゆけつよう》の血液《けつえき》ができるまで

献血《けんけつ》された血液《けつえき》は、検査《けんさ》・製造《せいぞう》・保存《ほぞん》・供《きょう》給《きゅう》の役割《やくわり》をもつ血液《けつえき》センターに運《はこ》ばれます。そこで赤血球《せっけっきゅう》や血漿《けっしょう》などの成分《せいぶん》に分《わ》けられて、輸血用《ゆけつよう》の血液製剤《けつえきせいざい》につくり変《か》えられます。

献血《けんけつ》には、血液《けつえき》が固《かた》まらないようにする薬《くすり》（抗凝固剤《こうぎょうこざい》）をいれたバッグに血液《けつえき》をそのまま採血《さいけつ》する「全血献血《ぜんけつけんけつ》」と、成分採血装置《せいぶんさいけつそうち》という機械《きかい》を使《つか》って採血《さいけつ》した血液《けつえき》を成分《せいぶん》ごとに分《わ》け、赤血球《せっけっきゅう》を献血者《けんけつしゃ》に戻《もど》して、残《のこ》りの血《けっ》小板《しょうばん》や血漿《けっしょう》だけをバッグにいれる「成分献《せいぶんけん》

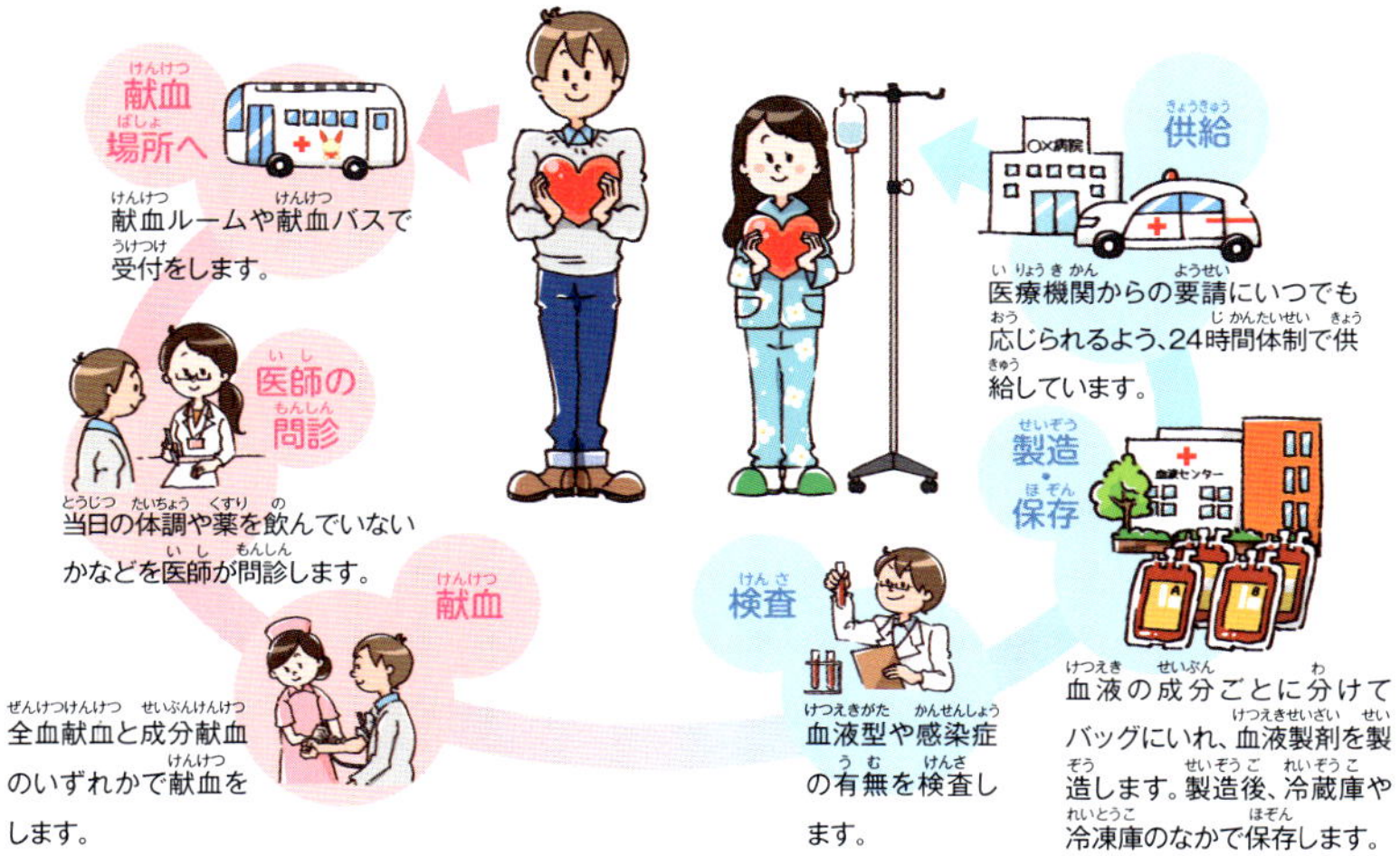

献血《けんけつ》から輸血《ゆけつ》までの流《なが》れ

血《けつ》」という2つの方法《ほうほう》があります。「全血《ぜんけつ》」はすべての成分《せいぶん》が入《はい》っている血液《けつえき》のことで、体《からだ》のなかを流《なが》れている血液《けつえき》と同《おな》じ状態《じょうたい》です。

全血献血《ぜんけつけんけつ》では、まず複数《ふくすう》のバッグとつながっている製剤《せいざい》バッグに血液《けつえき》をそのまま採血《さいけつ》します。次《つぎ》に、全血《ぜんけつ》から輸血《ゆけつ》で不要《ふよう》な白血《はっけつ》球《きゅう》を取《と》りのぞくために、白血球除去《はっけっきゅうじょきょ》フィルターへ全血《ぜんけつ》を通《とお》します。白血球《はっけっきゅう》を取《と》りのぞいた血液《けつえき》は、血液分離装置《けつえきぶんりそうち》の遠心力《えんしんりょく》を利用《りよう》し2つ以上《いじょう》の物質《ぶっしつ》に分《わ》ける方法《ほうほう》（遠心分離《えんしんぶんり》）を使《つか》って血漿《けっしょう》と赤血球《せっけっきゅう》に分《わ》けられます。遠《えん》心分離《しんぶんり》によって血液《けつえき》が血漿《けっしょう》と赤血球《せっけっきゅう》に分《わ》かれると、血漿《けっしょう》はつながっている別《べつ》のバッグにうつされて血漿製剤《けっしょうせいざい》となり、残《のこ》りの赤血《せっけつ》球《きゅう》には血液保存液《けつえきほぞんえき》を加《くわ》えて赤血球製剤《せっけっきゅうせいざい》がつくられます。赤血球製剤《せっけっきゅうせいざい》は冷蔵《れいぞう》（2～6℃）で、血漿製剤《けっしょうせいざい》は冷凍《れいとう》（マイナス20℃以下《いか》）で保存《ほぞん》します。

成分献血《せいぶんけんけつ》では、採血《さいけつ》したときに機械《きかい》を使《つか》って必要《ひつよう》な成分《せいぶん》に分《わ》けてバッグにいれているの

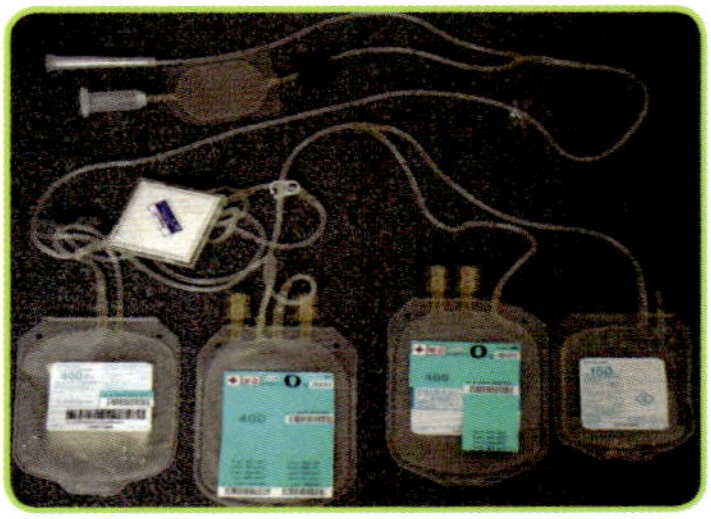

製剤《せいざい》バッグ

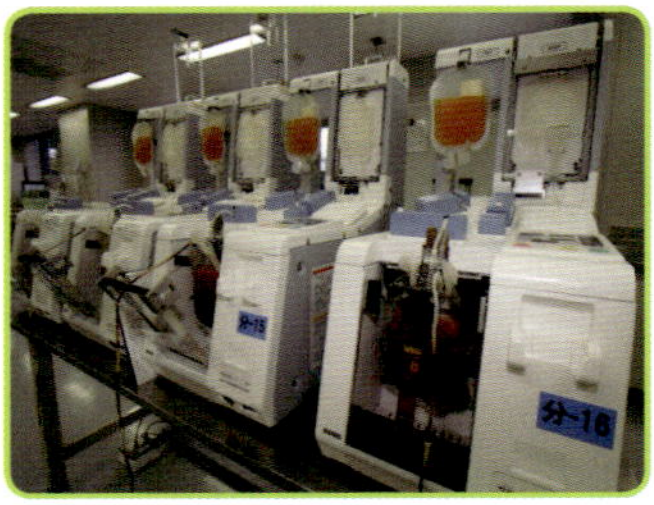

血液分離装置《けつえきぶんりそうち》を使《つか》って、血液《けつえき》を赤血球《せっけっきゅう》と血漿《けっしょう》に分《わ》けている

赤血球製剤《せっけっきゅうせいざい》

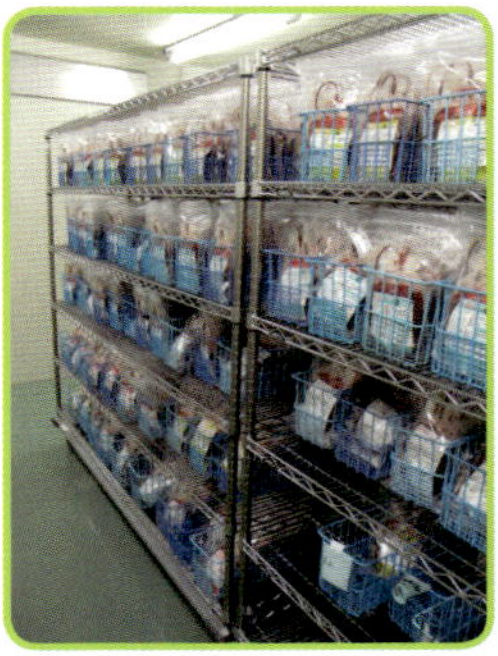

赤血球製剤《せっけっきゅうせいざい》は、低温室《ていおんしつ》や冷蔵庫《れいぞうこ》（2～6℃）で保存《ほぞん》する

血漿製剤《けっしょうせいざい》

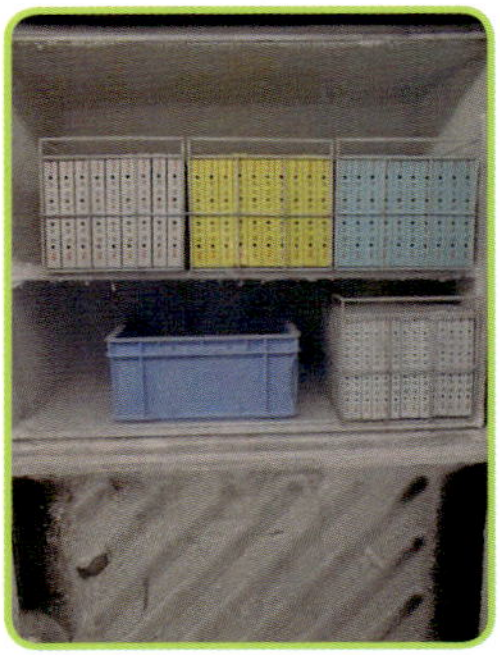

血漿製剤《けっしょうせいざい》は急速《きゅうそく》に凍結《とうけつ》させた後《あと》、マイナス20℃以《い》下《か》で保存《ほぞん》する

血小板製剤《けっしょうばんせいざい》

血小板製剤《けっしょうばんせいざい》は20～24℃で振《しん》とう保存《ほぞん》する

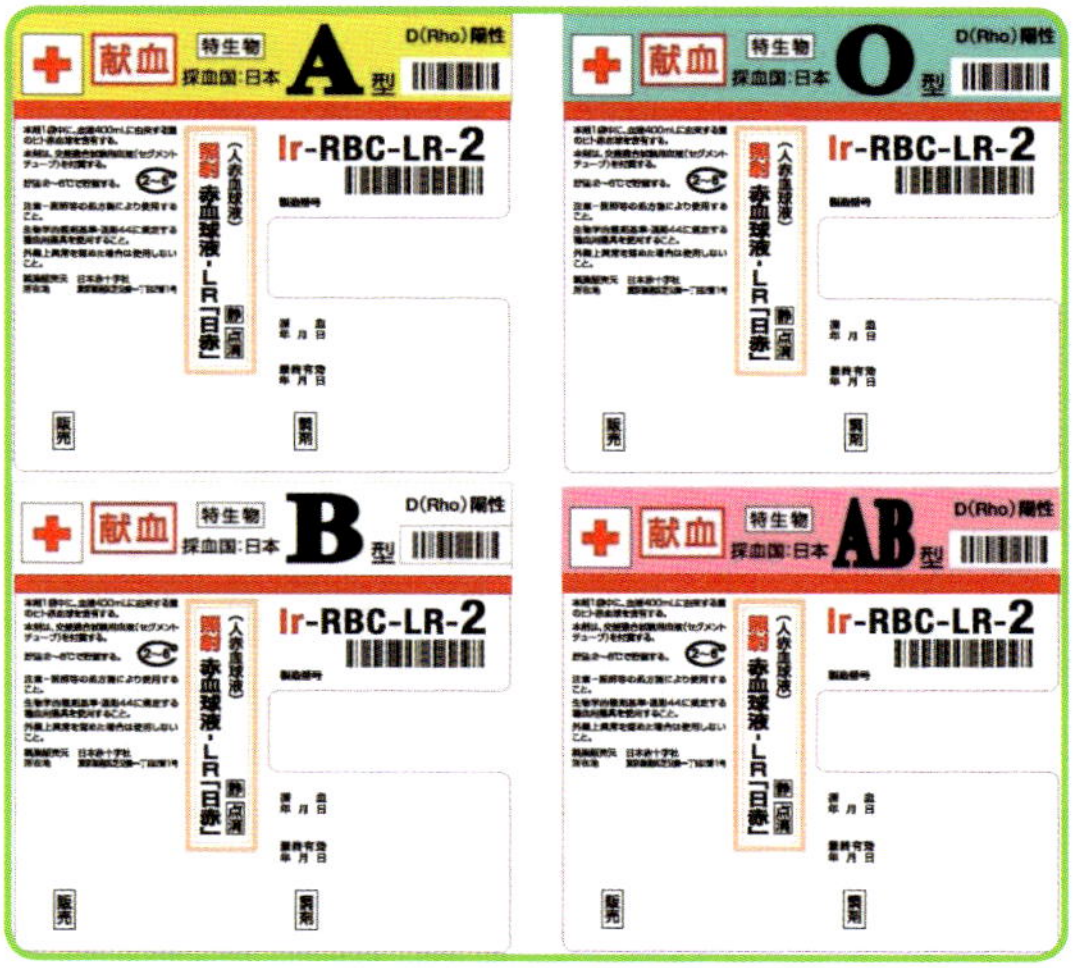

血液型別《けつえきがたべつ》に色分《いろわ》けしたラベル

で、そのまま保存《ほぞん》できます。血漿製剤《けっしょうせいざい》は冷《れい》凍保存《とうほぞん》、血小板製剤《けっしょうばんせいざい》はゆらゆらと動《うご》く機械《きかい》（振《しん》とう機《き》）を使《つか》って振《しん》とう保存《ほぞん》（20〜24℃）します。

なお、献血《けんけつ》された血液《けつえき》の一部《いちぶ》は、試験管《しけんかん》にうつされ、血液《けつえき》センターでABO《エービーオー》式《しき》やRh《アールエイチ》式《しき》の血液型《けつえきがた》を調《しら》べる検査《けんさ》と、B型肝炎《ビーがたかんえん》などの感染症《かんせんしょう》を調《しら》べる検査《けんさ》がおこなわれます。ここで検査《けんさ》に合格《ごうかく》した血液《けつえき》の血液型《けつえきがた》を間違《まちが》えないようにするために、輸血《ゆけつ》の際《さい》にいちばん重要《じゅうよう》なABO《エービーオー》式血液型《しきけつえきがた》で色分《いろわ》けしたラベル（A《エー》型《がた》は黄色《きいろ》、O《オー》型《がた》は空色《そらいろ》、B《ビー》型《がた》は白色《しろいろ》、A《エー》B《ビー》型《がた》は桃色《ももいろ》）を製剤《せいざい》バッグに貼《は》ります。

輸《ゆ》血《けつ》用《よう》血液《けつえき》の安全性《あんぜんせい》

献血《けんけつ》するときは「問診《もんしん》」といって献血者《けんけつしゃ》が病気《びょうき》にかかっていないか、輸血《ゆけつ》を受《う》ける患者《かんじゃ》さんに影響《えいきょう》を及《およ》ぼす薬《くすり》を飲《の》んでいないかなどを確認《かくにん》してから採血《さいけつ》します。

そうして採血《さいけつ》された血液《けつえき》は、血液型《けつえきがた》の検査《けんさ》はもちろんのこと、B型肝炎《ビーがたかんえん》やC型肝炎《シーがたかんえん》などのウイルスや梅毒《ばいどく》などの感染症《かんせんしょう》にかかっていないかの検査《けんさ》をしてから製剤《せいざい》につくり変《か》えられます。しかし、ウイルスには「ウインドウ期《き》」といって、血液《けつえき》のなかで増《ふ》えようとしている段階《だんかい》のウイルスがいます。とくにウイルスに感染《かんせん》してすぐだと、病気《びょうき》の症状《しょうじょう》も見《み》られないうえに、ウインドウ期《き》によって血液《けつえき》のなかにいるウイルスの量《りょう》が少《すく》なく、検査《けんさ》で見《み》つけられないことがあります。つまり、この期間《きかん》に採血《さいけつ》された血液《けつえき》では異常《いじょう》を見《み》つけることができません。そのためウイルスに感染《かんせん》している可能性《かのうせい》が高《たか》い人《ひと》には、献血《けんけつ》を半年間《はんとしかん》ほどおことわりし、輸血《ゆけつ》で患者《かんじゃ》さんに病気《びょうき》がうつることがないようにしています。

また副作用《ふくさよう》の原因《げんいん》となる白血球《はっけっきゅう》を専用《せんよう》のフィルターで取《と》りのぞいていますが、これだけで白血球《はっけっきゅう》を100%なくすことはできません。残《のこ》った白血球《はっけっきゅう》が輸血《ゆけつ》した患者《かんじゃ》さんの体《からだ》のなかで増《ふ》え、患者《かんじゃ》さんの細胞《さいぼう》に悪《わる》さをする移《い》植片対宿主病《しょくへんたいしゅくしゅびょう》という病気《びょうき》が起《お》こることがあります。そのため、血液製剤《けつえきせいざい》に放射線《ほうしゃせん》をあてて白血球《はっけっきゅう》を死滅《しめつ》させています。

血液放射線照射装置《けつえきほうしゃせんしょうしゃそうち》

移植片対宿主病《いしょくへんたいしゅくしゅびょう》ってなに？

白血球《はっけっきゅう》には自分以外《じぶんいがい》のものを敵《てき》とみなして攻撃《こうげき》し、体《からだ》を守《まも》る性質《せいしつ》があります。輸血《ゆけつ》された血液《けつえき》の白血球《はっけっきゅう》が生着《せいちゃく》（輸血《ゆけつ》した血液《けつえき》が患者《かんじゃ》さんの体《からだ》のなかで正常《せいじょう》にはたらいている状態《じょうたい》のこと）すると、患者《かんじゃ》さんの体《からだ》のなかを献血者《けんけつしゃ》の白血球《はっけっきゅう》もめぐるようになります。するとこの白血球《はっけっきゅう》は、患者《かんじゃ》さんの体《からだ》を他人《たにん》とみなしてしまうので、患者《かんじゃ》さんの体《からだ》を攻撃《こうげき》する免疫反応《めんえきはんのう》を起《お》こしてしまいます。この現象《げんしょう》による病気《びょうき》を移植片対宿主病《いしょくへんたいしゅくしゅびょう》といいます。

どんなときに輸血《ゆけつ》は必要《ひつよう》なの？

輸血《ゆけつ》といえば交通事故《こうつうじこ》や大《おお》ケガで出血《しゅっけつ》したときに必要《ひつよう》とされるように思《おも》われがちですが、交通事故《こうつうじこ》やケガで輸血《ゆけつ》が必要《ひつよう》となる患者《かんじゃ》さんは年間数万人《ねんかんすうまんにん》と、使《つか》われる血液量《けつえきりょう》は意《い》外《がい》に少《すく》なく、日本赤十字社《にほんせきじゅうじしゃ》が提供《ていきょう》する血液《けつえき》量《りょう》の数《すう》%でしかありません。また心臓《しんぞう》の手《しゅ》術《じゅつ》やがんを取《と》りのぞくなどの手術《しゅじゅつ》による出《しゅっ》血《けつ》で、失《うしな》われた血液《けつえき》を補充《ほじゅう》する目的《もくてき》として使《つか》われる血液量《けつえきりょう》も、現在《げんざい》は医療技術《いりょうぎじゅつ》が進歩《しんぽ》して出血量《しゅっけつりょう》が少《すく》なくなったことで、必要《ひつよう》となる血液量《けつえきりょう》はそれほど多《おお》くありません。いちばん多《おお》く血液《けつえき》を必要《ひつよう》としているのは、がんの治療《ちりょう》で抗《こう》がん剤《ざい》を使《つか》っている患者《かんじゃ》さん、

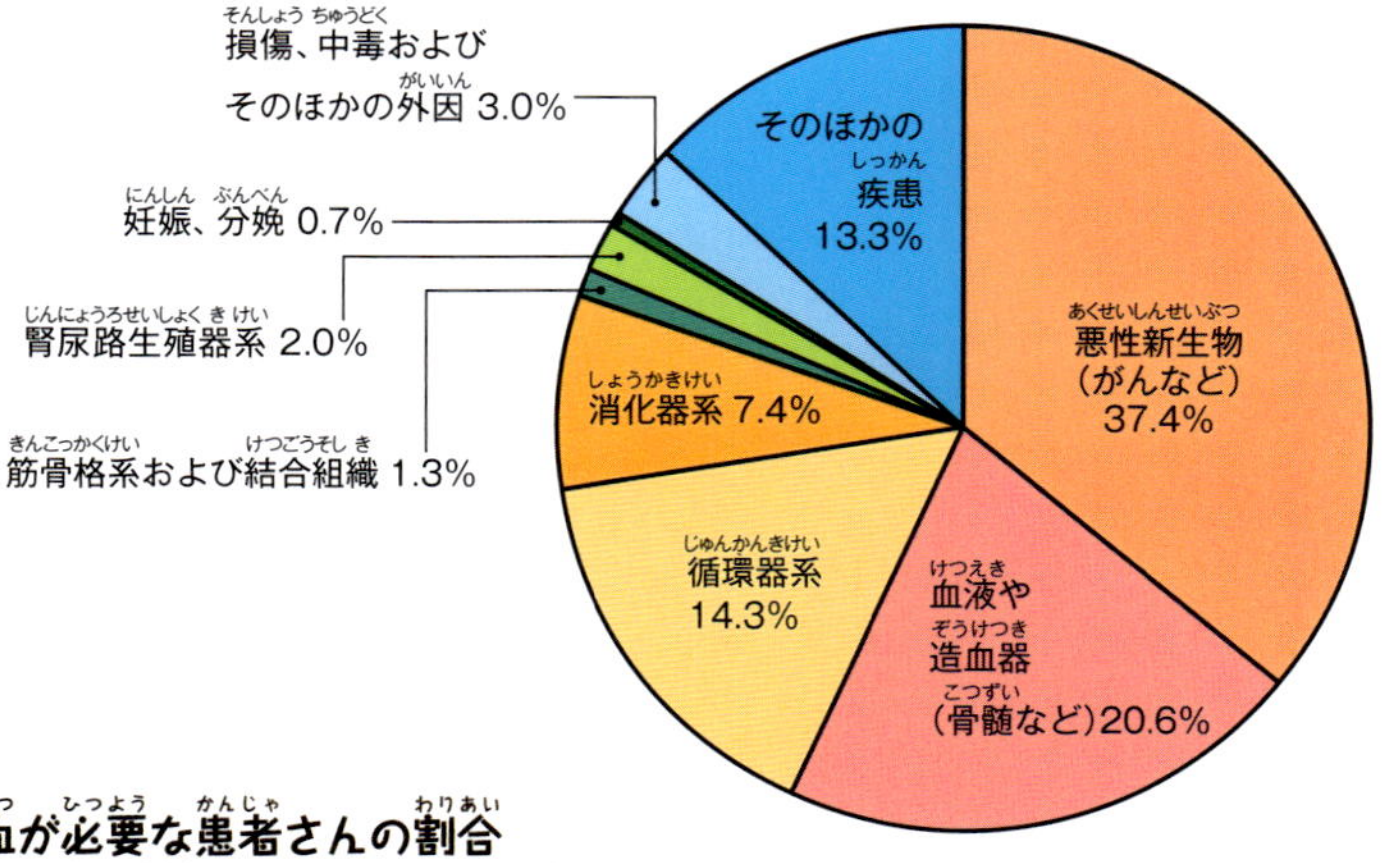

輸血《ゆけつ》が必要《ひつよう》な患者《かんじゃ》さんの割合《わりあい》
（平成《へいせい》28年《ねん》 東京都福祉保健局調《とうきょうとふくしほけんきょくしら》べを一部改変《いちぶかいへん》）
輸血用血液製剤《ゆけつようけつえきせいざい》の多《おお》くは悪性新生物《あくせいしんせいぶつ》（がんなど）の患者《かんじゃ》さんの治療《ちりょう》に使《つか》われている

血液《けつえき》の病気《びょうき》をもつ患者《かんじゃ》さんです。これらの病気《びょうき》の治療《ちりょう》を受《う》けている患者《かんじゃ》さんは、一時《いちじ》的《てき》に自分《じぶん》の体《からだ》のなかで血液《けつえき》をつくれなくなります。そのため、必要《ひつよう》な血液《けつえき》をいつも補《ほ》充《じゅう》しなければなりません。このような輸血《ゆけつ》を定期的《ていきてき》に使用《しよう》する患者《かんじゃ》さんの割合《わりあい》が60％近《ちか》くを占《し》めています。

また、血管《けっかん》は体《からだ》のすべての細胞《さいぼう》をめぐっているので、すこし体《からだ》をぶつけただけでも血管《けっかん》がやぶれることがあります。血小板《けっしょうばん》はそのやぶれた血管《けっかん》を治《なお》すために、体《からだ》のどこかで毎日《まいにち》使《つか》われています。とくに血小板《けっしょうばん》は赤血球《せっけっきゅう》や血漿《けっしょう》より寿命《じゅみょう》が短《みじか》く、使《つか》われることがいちばん多《おお》いので、血液《けつえき》の病気《びょうき》をもつ人《ひと》は数日《すうじつ》おきに血小板《けっしょうばん》を補充《ほじゅう》しなければなりません。血小板製剤《けっしょうばんせいざい》の有効期間《ゆうこうきかん》は4日間《よっかかん》とても短《みじか》く、その人《ひと》たちのために輸血用《ゆけつよう》の血液《けつえき》が毎日必要《まいにちひつよう》となります。

輸血《ゆけつ》の方法《ほうほう》

血漿製剤《けっしょうせいざい》は冷凍保存《れいとうほぞん》しているので、37℃くらいのお湯《ゆ》で溶《と》かしてから使用《しよう》します。赤血《せっけつ》球《きゅう》や血小板製剤《けっしょうばんせいざい》は、そのまま輸血専用《ゆけつせんよう》の点《てん》滴《てき》セットから血管《けっかん》へいれられます。

血管《けっかん》のなかには、できたばかりの新《あたら》しい細胞《さいぼう》と寿命《じゅみょう》がきた古《ふる》い細胞《さいぼう》が血液《けつえき》と一緒《いっしょ》に流《なが》れています。そのため献血《けんけつ》した血液《けつえき》のなかには、ちょうど輸血《ゆけつ》するときに寿命《じゅみょう》がきてこわれてしまった細胞《さいぼう》も含《ふく》まれます。輸血専《ゆけつせん》

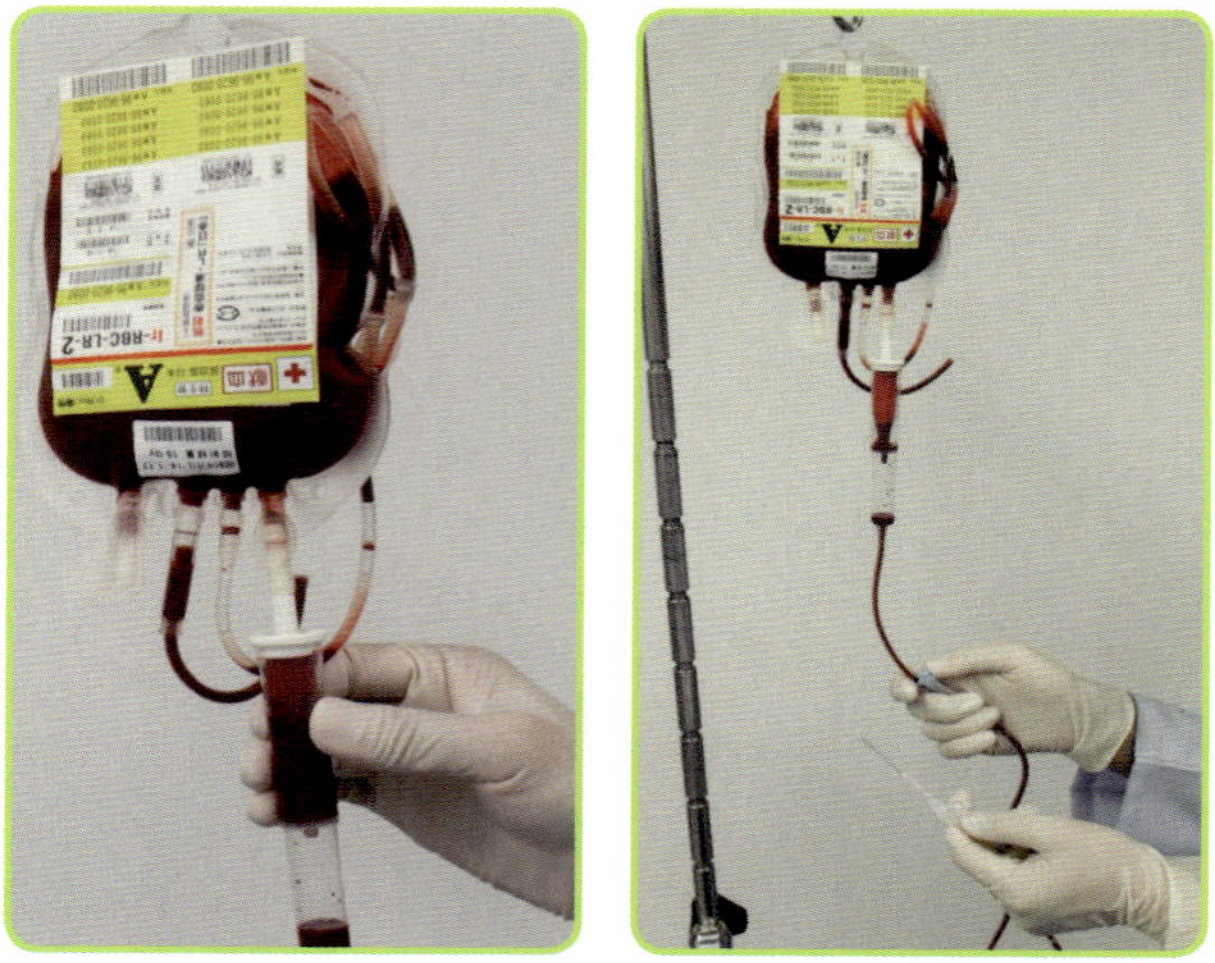

輸血《ゆけつ》するために点滴《てんてき》を準備《じゅんび》している様子《ようす》

用《よう》の点滴《てんてき》セットには、古《ふる》くなってこわれた細《さい》胞《ぼう》を取《と》りのぞくためのメッシュがついています。それを使《つか》って1単位《たんい》を1時間以上《じかんいじょう》かけて1滴《てき》ずつゆっくりと血管《けっかん》のなかに血液《けつえき》をいれる「点滴《てんてき》」をおこないます。しかし、大《たい》

1単位《たんい》ってなに？

輸血用《ゆけつよう》の血液製剤《けつえきせいざい》の量《りょう》は「単位《たんい》」であらわします。日本《にほん》は200mLの献血《けんけつ》からつくられる赤血球製剤《せっけっきゅうせいざい》の量《りょう》が1単位《たんい》とされていて、国《くに》ごとに1単位《たんい》の量《りょう》は違《ちが》います。

量《りょう》に出血《しゅっけつ》してしまい救命《きゅうめい》を優先《ゆうせん》する場合《ばあい》は、専用《せんよう》の機械《きかい》を使《つか》って1単位《たんい》を1分《ぷん》で輸血《ゆけつ》すること（通常《つうじょう》の輸血《ゆけつ》の60倍《ばい》以上《いじょう》の速《はや》さ）もあります。これを急速輸血《きゅうそくゆけつ》といいます。

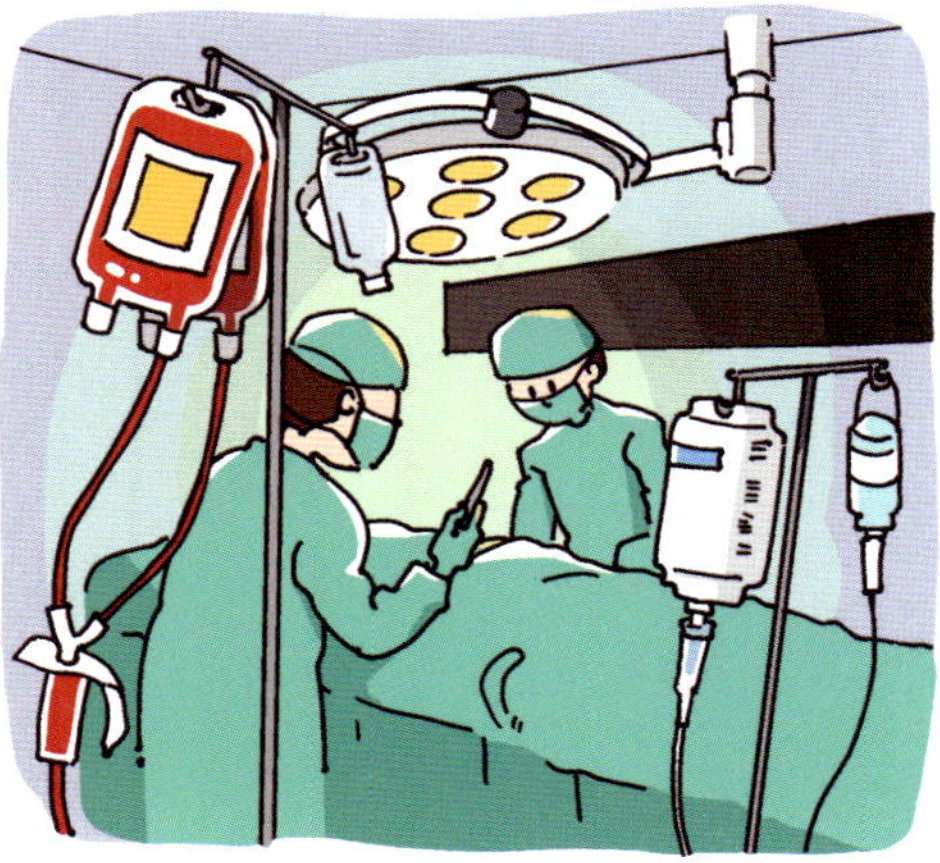

救命《きゅうめい》を優先《ゆうせん》するために手術中《しゅじゅつちゅう》に急速輸血《きゅうそくゆけつ》をすることもある

輸血《ゆけつ》の副作用《ふくさよう》

体《からだ》にとって良《よ》くない症状《しょうじょう》が出《で》ることを「副作用《ふくさよう》」といいます。人《ひと》の体《からだ》には自分《じぶん》の体《からだ》にないものを見分《みわ》ける力《ちから》がそなわっています。たとえば、抗原《こうげん》と呼《よ》ばれるウイルスや細《さい》菌《きん》などの敵《てき》が体《からだ》のなかに入《はい》りこむと、免疫《めんえき》細胞《さいぼう》（白血球《はっけっきゅう》や抗体《こうたい》と呼《よ》ばれるタンパク質《しつ》）が敵《てき》（抗原《こうげん》）をやっつけて体《からだ》を守《まも》るはたらきをします。これを「免疫反応《めんえきはんのう》（別名《べつめい》：抗原《こうげん》抗体反応《こうたいはんのう》）」といいます。輸血《ゆけつ》による副作用《ふくさよう》のほとんどがこの免疫《めんえき》に関係《かんけい》しています。

血液型《けつえきがた》にはABO《エービーオー》式《しき》やRh《アールエイチ》式《しき》だけでなく、Kidd《キッド》式《しき》、Lewis《ルイス》式《しき》などいろいろな血《けつ》液型《えきがた》があり、わかっているだけでも300種《しゅ》類《るい》以上《いじょう》あるといわれています。血液型《けつえきがた》をこまかく分《わ》けると、1人《ひとり》ひとりに違《ちが》いがあり、まったく同《おな》じ血液型《けつえきがた》の人《ひと》は一卵性双生児《いちらんせいそうせいじ》（10ページ）しかいません。そのため、臓器移植《ぞうきいしょく》と同《おな》じように、患者《かんじゃ》さんの血液《けつえき》に似《に》た血液《けつえき》をえらんで輸血《ゆけつ》はおこなわれます。その血液《けつえき》が患者《かんじゃ》さんに合《あ》っているかを確認《かくにん》するために、交差適合《こうさてきごう》試験《しけん》を輸血《ゆけつ》の前《まえ》におこない、副作用《ふくさよう》のひとつである溶血《ようけつ》（15ページ）をふせいでいます。

また、血液《けつえき》には赤血球《せっけっきゅう》だけでなく食事《しょくじ》から吸収《きゅうしゅう》された成分《せいぶん》も含《ふく》まれています。たとえばピーナッツを食《た》べた後《あと》に献血《けんけつ》した人《ひと》の血液《けつえき》が、ピーナッツアレルギーをもつ患者《かんじゃ》さんに輸血《ゆけつ》されて副作用《ふくさよう》の反応《はんのう》が出《で》たという報告《ほうこく》があります。これは交差適合試験《こうさてきごうしけん》をしてもわかりません。このように患者《かんじゃ》さんの体《からだ》のなかで、輸血《ゆけつ》された血液《けつえき》が異物《いぶつ》（敵《てき》）と認識《にんしき》されてしまい、体《からだ》が過剰《かじょう》に反応《はんのう》して蕁麻疹《じんましん》、発熱《はつねつ》、血圧低下《けつあつていか》、呼吸困難《こきゅうこんなん》などの副作用《ふくさよう》の症状《しょうじょう》が出《で》ることを「アレルギー反応《はんのう》」とい

？ 交差適合試験《こうさてきごうしけん》ってなに？

輸血用《ゆけつよう》の血液製剤《けつえきせいざい》と患者《かんじゃ》さんの血液《けつえき》を試験管内《しけんかんない》で混《ま》ぜて、血液型《けつえきがた》の抗原《こうげん》と抗体《こうたい》が攻撃《こうげき》し合《あ》って起《お》きる免疫反応《めんえきはんのう》が出《で》ないかどうかを調《しら》べます。この血液型《けつえきがた》が合《あ》わないこと（不適合《ふてきごう》）で出《で》てくる副作用《ふくさよう》を未然《みぜん》にふせぐ手段《しゅだん》を、交差適合試験《こうさてきごうしけん》といいます。

います。これら輸血《ゆけつ》の副作用《ふくさよう》は、軽《かる》いものも含《ふく》めて1％以上《いじょう》の人《ひと》に発生《はっせい》していると報告《ほうこく》されています。

　さらに、輸血《ゆけつ》による感染症《かんせんしょう》ではB型肝炎《ビーがたかんえん》ウイルスなどの検査《けんさ》をしていますが、検査《けんさ》にも限界《げんかい》があり、ウインドウ期《き》のウイルスは検出《けんしゅつ》できません。ほかにも検査《けんさ》をしていないウイルスや細菌《さいきん》などにより、患者《かんじゃ》さんにうつってしまう感染症《かんせんしょう》も副作用《ふくさよう》として1年《ねん》のあいだに数例《すうれい》は報告《ほうこく》されています。

輸血《ゆけつ》の現状《げんじょう》

毎年《まいとし》、輸血《ゆけつ》している患者《かんじゃ》さんの数《かず》はのべ100万人《まんにん》を超《こ》えています。その輸血《ゆけつ》に必要《ひつよう》な血液《けつえき》を確保《かくほ》するために、1年《いちねん》のあいだに500万人《まんにん》以上《いじょう》の人《ひと》に献血《けんけつ》してもらっています。これは1日《にち》に1万《まん》3000人《にん》以上《いじょう》の人《ひと》に献血《けんけつ》してもらっていることになります。

　輸血《ゆけつ》が必要《ひつよう》な手術《しゅじゅつ》では、腹腔鏡《ふくくうきょう》や医療《いりょう》ロボット、人工心肺装置《じんこうしんぱいそうち》の小型化《こがたか》など、出血《しゅっけつ》を少《すく》なくする技術《ぎじゅつ》が進歩《しんぽ》し、必要《ひつよう》となる血液量《けつえきりょう》はむかしに比《くら》べて減《へ》ってきています。しかし、日本《にほん》は65歳以上《さいいじょう》の人《ひと》が全人口《ぜんじんこう》の21％を占《し》めている「超高齢社会《ちょうこうれいしゃかい》」となり、手術《しゅじゅつ》を受《う》ける患者《かんじゃ》さんが増《ふ》えています。そのため、1人《ひとり》あたりの使用《しよう》する血液量《けつえきりょう》は減《へ》っていても、輸血《ゆけつ》を必要《ひつよう》としている患者《かんじゃ》さんが増《ふ》え、結果《けっか》として、輸血《ゆけつ》に使《つか》われる血液《けつえき》量《りょう》はすこしずつ増《ふ》えているのです。

国《くに》の研究《けんきゅう》グループの２０１４年《ねん》の報告《ほうこく》では、２０２７年《ねん》には輸血用《ゆけつよう》の血液製剤《けつえきせいざい》が足《た》りなくなると予想《よそう》され、血液《けつえき》が足《た》りなくなることで手術《しゅじゅつ》ができなくなるかもしれないといわれていました。その後《ご》、２０１８年《ねん》に「献《けん》血者《けつしゃ》がすこしでも増《ふ》えれば、必要《ひつよう》とされている血液量《けつえきりょう》はほぼまかなえるだろう」とする予想《よそう》が新《あら》たに報告《ほうこく》されました。しかし、これはあくまで予想《よそう》なので、献血者《けんけつしゃ》が減《へ》っている20代《だい》を中心《ちゅうしん》に協力《きょうりょく》の呼《よ》びかけに力《ちから》をいれる必要《ひつよう》があります。最近《さいきん》はiPS《アイピーエス》細胞《さいぼう》を使《つか》って赤血球《せっけっきゅう》や血小板《けっしょうばん》をつくり出《だ》す研究《けんきゅう》がすすんでいますが、それを人《ひと》に使《つか》えるかは安全《あんぜん》かどうかをしっかりと確認《かくにん》していかなければなりません。また、iPS《アイピーエス》細胞《さいぼう》を使《つか》って必要《ひつよう》な血液量《けつえきりょう》をまかなえるくらい製造《せいぞう》するには、まだまだ時間《じかん》がかかりそうです。

献血《けんけつ》は少子高齢化《しょうしこうれいか》の影響《えいきょう》で10~30代《だい》の若《わか》い献血者《けんけつしゃ》が10年前《ねんまえ》から67%(全体《ぜんたい》の3分《ぶん》の2)まで減《へ》ってきています。これは10~30代《だい》の人《じん》口《こう》が少《すく》ないだけでなく、献血《けんけつ》に興味《きょうみ》をもち、ボランティアに参加《さんか》してくれる人《ひと》が減《へ》ったことも影響《えいきょう》しています。

輸血《ゆけつ》により命《いのち》が助《たす》かる人《ひと》は毎年何十万人《まいとしなんじゅうまんにん》もいます。かわりとなる薬《くすり》やiPS《アイピーエス》細胞《さいぼう》による血液《けつえき》の製造《せいぞう》も、まだまだ実現《じつげん》しない状《じょう》

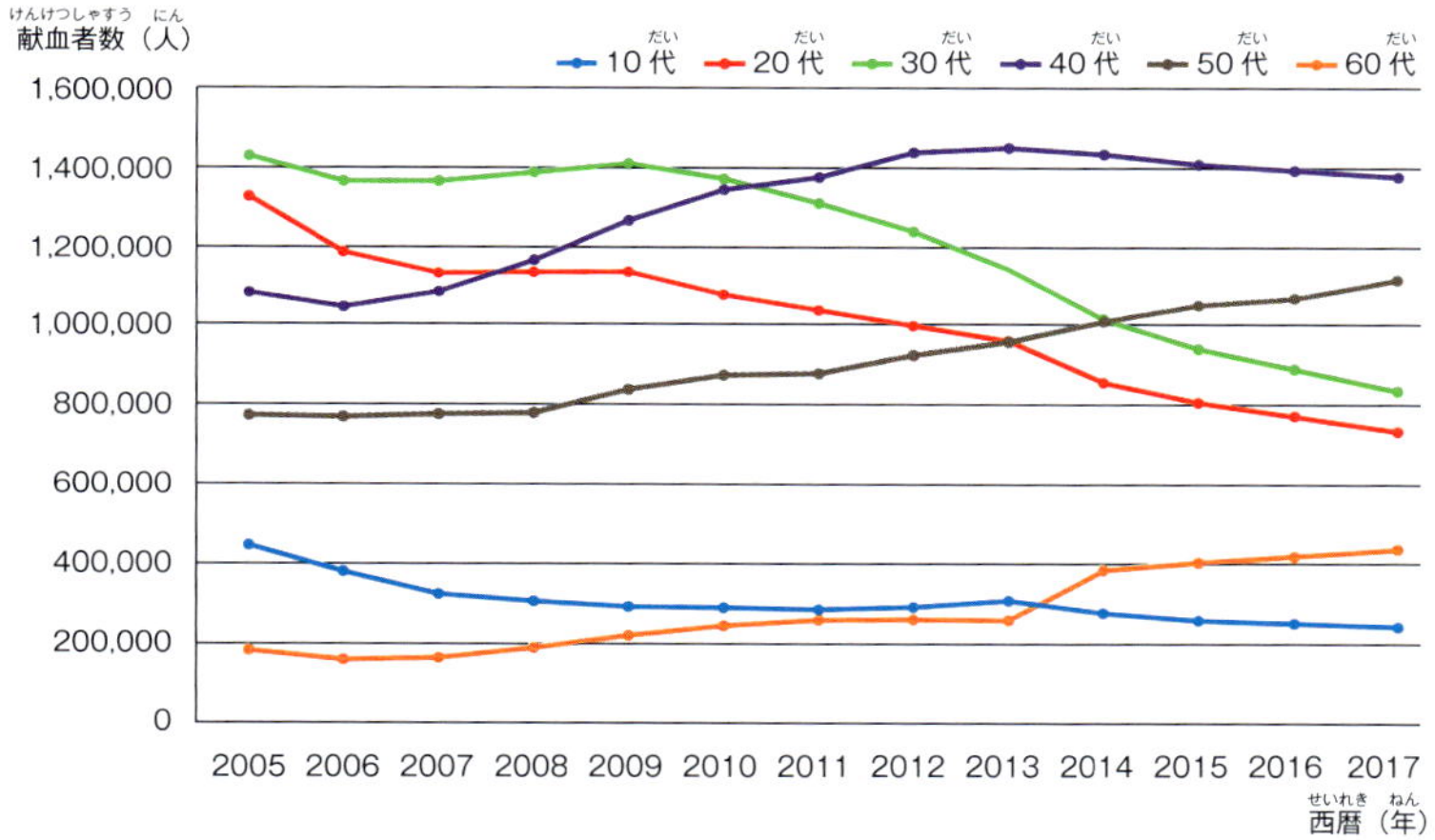

年代別献血者数《ねんだいべつけんけつしゃすう》の推移《すいい》

況《きょう》のため、輸血医療《ゆけついりょう》を支《ささ》える献血《けんけつ》は国民《こくみん》のみんなで維持《いじ》していかなければならないものです。さらには、血液製剤《けつえきせいざい》は製造《せいぞう》してから保《ほ》存《ぞん》できる期間《きかん》が短《みじか》いため、安定《あんてい》した在庫《ざいこ》を確保《かくほ》することが重要《じゅうよう》です。患者《かんじゃ》さんが安心《あんしん》して輸血医療《ゆけついりょう》を受《う》けられるようにするには、これからも献血《けんけつ》が必要《ひつよう》な状況《じょうきょう》がしばらく続《つづ》くでしょう。

パート2

犬《いぬ》と猫《ねこ》の輸血《ゆけつ》・献血《けんけつ》

動物《どうぶつ》への輸血《ゆけつ》のはじまり

実《じつ》は、動物《どうぶつ》から動物《どうぶつ》への輸血《ゆけつ》（106ページ）は、人《ひと》よりもはやい時期《じき》におこなわれていました。ただし、これは動物《どうぶつ》の治療《ちりょう》のためではなく、人《ひと》に対《たい》して輸血《ゆけつ》する方法《ほうほう》を考《かんが》えるための実験《じっけん》でした。はじめて動物《どうぶつ》から動物《どうぶつ》への輸血《ゆけつ》がおこなわれたのは、ドニが人《ひと》に子羊《こひつじ》の血液《けつえき》を輸血《ゆけつ》した実験《じっけん》よりも2年前《ねんまえ》の1665年《ねん》2月《がつ》のことでした。

最初《さいしょ》に成功《せいこう》したのは犬《いぬ》から犬《いぬ》への輸血《ゆけつ》で、実験《じっけん》をおこなったのはイギリスのロウアーという医師《いし》です。ロウアーは数年前《すうねんまえ》から同《おな》じ実験《じっけん》を試《こころ》みていましたが、チューブのなかで血液《けつえき》が固《かた》まって失敗《しっぱい》していました。そこでロウアーは、血液《けつえき》を抜《ぬ》いて貧血《ひんけつ》の状態《じょうたい》にさせた中型《ちゅうがた》の雑種犬《ざっしゅけん》（かわいそうですが…）の頸静脈《けいじょうみゃく》と呼《よ》ばれる首《くび》（頸部《けいぶ》）の血管《けっかん》と大型《おおがた》のマスティフという品種《ひんしゅ》（37ページ）の犬《いぬ》の頸《けい》

リチャード・ロウアー（1631〜1691）

動脈《どうみゃく》を、銀《ぎん》でつくられた管《くだ》で直接《ちょくせつ》つないで血液《けつえき》が固《かた》まる前《まえ》に流《なが》してみました。すると血《けつ》液《えき》を抜《ぬ》かれて元気《げんき》をなくしていた中型犬《ちゅうがたけん》は、みごとに元気《げんき》を取《と》り戻《もど》したと記録《きろく》されています。これが犬《いぬ》や人《ひと》に対《たい》する緊急治療《きんきゅうちりょう》としての輸血《ゆけつ》のはじまりとなりました。このときのロウアーの実験《じっけん》が論文《ろんぶん》として科学雑誌《かがくざっし》に公《こう》表《ひょう》されたのは1666年《ねん》のことでしたが、実《じつ》はそれと同《おな》じ時期《じき》にドニも動物《どうぶつ》から動物《どうぶつ》への輸血《ゆけつ》に成功《せいこう》したことを主張《しゅちょう》していました。これには理由《りゆう》があり、科学雑誌《かがくざっし》の編集者《へんしゅうしゃ》がドニから提出《ていしゅつ》された論文《ろんぶん》を1年間放置《ねんかんほうち》したために、ロウアーに世界初《せかいはつ》の輸血成功《ゆけつせいこう》の座《ざ》をゆずることになってしまったのです。

　このように、動物《どうぶつ》どうしの輸血《ゆけつ》は人《ひと》よりも

あおむけになった中型《ちゅうがた》の雑種犬《ざっしゅけん》とマスティフの頚部《けいぶ》の血管《けっかん》を、銀《ぎん》の管《くだ》でつないで犬《いぬ》どうしの輸血《ゆけつ》がおこなわれた

はやくに成功《せいこう》していましたが、もともとは人《ひと》に対《たい》する輸血《ゆけつ》の研究《けんきゅう》であったため、動物《どうぶつ》への治療《ちりょう》でその成果《せいか》が活《い》かされることはありませんでした。

動物《どうぶつ》の輸血医療《ゆけついりょう》のはじまり

19世紀《せいき》のおわりから20世紀《せいき》のはじめにかけて、人《ひと》の血液型《けつえきがた》が発見《はっけん》されたのち、犬《いぬ》（1910年《ねん》ごろ）や猫《ねこ》（1912年《ねん》ごろ）の血液型《けつえきがた》の発見《はっけん》、抗凝固剤《こうぎょうこざい》（112ページ）の発見《はっけん》、血液《けつえき》の保存方法《ほぞんほうほう》の開発《かいはつ》が一気《いっき》にすすみました。これらの研究成果《けんきゅうせいか》を利用《りよう》して、第一次《だいいちじ》世界大戦《せかいたいせん》や第二次世界大戦《だいにじせかいたいせん》では、傷《きず》ついた兵士《へいし》たちに輸血《ゆけつ》が数多《かずおお》くおこなわれ、人《ひと》に対《たい》する輸血方法《ゆけつほうほう》がほぼ確立《かくりつ》されました。このときに人《ひと》で研究《けんきゅう》されていた輸血方法《ゆけつほうほう》が、動物《どうぶつ》の輸血医療《ゆけついりょう》にも応用《おうよう》されたのです。1950年代《ねんだい》に入《はい》ると、世界中《せかいじゅう》の獣医師《じゅういし》たちにより動物《どうぶつ》の輸血医療《ゆけついりょう》が本格的《ほんかくてき》にはじまりました。

はじめのころは、血液型《けつえきがた》を調《しら》べる薬品《やくひん》が大学《だいがく》などの研究機関《けんきゅうきかん》にしかなく、輸血前《ゆけつまえ》の検査《けんさ》をほとんどせずに犬《いぬ》や猫《ねこ》に輸血《ゆけつ》をしていたので、副作用《ふくさよう》（121ページ）も多《おお》かったようです。日本《にほん》では、2000年代《ねんだい》から犬《いぬ》や猫《ねこ》の血液型《けつえきがた》を動物病院《どうぶつびょういん》で簡単《かんたん》に調《しら》べられるようになり、むかしに比《くら》べると安全《あんぜん》に輸血《ゆけつ》ができるようになりました。しかし犬《いぬ》と猫《ねこ》の輸血《ゆけつ》は、人《ひと》でおこなわれている輸血《ゆけつ》に関連《かんれん》する検査《けんさ》や輸血体制《ゆけつたいせい》と比《くら》べて大《おお》きく遅《おく》れているのが現状《げんじょう》です。

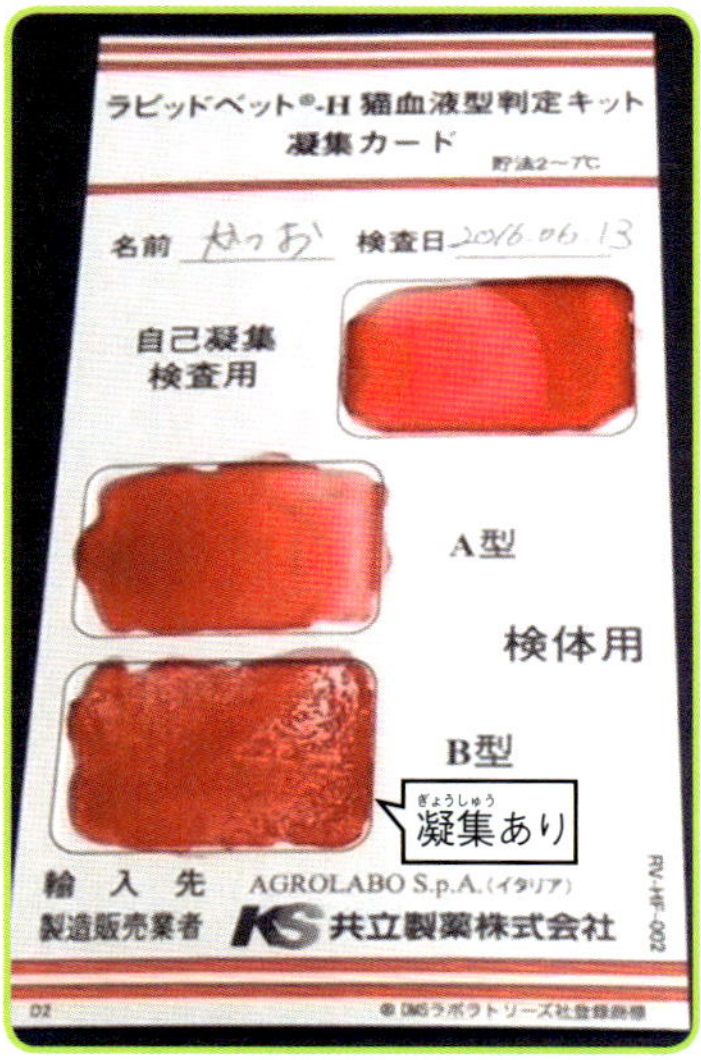

動物病院《どうぶつびょういん》でできる
血液型《けつえきがた》の検査方法《けんさほうほう》

写真《しゃしん》は猫《ねこ》の血液型《けつえきがた》を調《しら》べている。B型《ビーがた》の枠《わく》には凝集反応《ぎょうしゅうはんのう》で見《み》られるツブツブした血液《けつえき》の塊《かたまり》があるので、この猫《ねこ》（かつおちゃん）はB型《ビーがた》だとわかる

動物《どうぶつ》に対《たい》してより安全《あんぜん》な輸血《ゆけつ》をおこなうための研究《けんきゅう》が、さまざまな研究機関《けんきゅうきかん》（獣医大学《じゅういだいがく》や日本小動物血液療法研究会《にほんしょうどうぶつけつえきりょうほうけんきゅうかい》など）によってすすめられています。

血液《けつえき》ドナーの条件《じょうけん》について

病気《びょうき》の動物《どうぶつ》に血液《けつえき》を提供《ていきょう》するためには、とうぜん健康《けんこう》な血液《けつえき》をもつ相手《あいて》（血液《けつえき》ドナー）が必要《ひつよう》です。定期的《ていきてき》に感染症《かんせんしょう》の予防《よぼう》をおこなっていて、なんの病気《びょうき》ももっていない動物《どうぶつ》が血《けつ》液《えき》ドナーになることができます。また、体《からだ》が大《おお》きい動物《どうぶつ》の方《ほう》が採血《さいけつ》（08ページ）できる量《りょう》も多《おお》いので、犬《いぬ》では大《おお》きい品種《ひんしゅ》が選《えら》ばれます。

もちろん、緊急時《きんきゅうじ》に血液《けつえき》ドナーの候補《こうほ》が

血液《けつえき》ドナーになれるおもな条件《じょうけん》

動物種《どうぶつしゅ》	犬《いぬ》	猫《ねこ》
年齢《ねんれい》	１～８歳《さい》	１～７歳《さい》
性別《せいべつ》	去勢《きょせい》したオス、こどもを産《う》んだことがない避妊《ひにん》したメス	去勢《きょせい》したオス、こどもを産《う》んだことがない避妊《ひにん》したメス
体重《たいじゅう》	25kg 以上《いじょう》が望《のぞ》ましい（15kg 以上《いじょう》であれば可能《かのう》）	3.5kg 以上《いじょう》
飼育環境《しいくかんきょう》	室内飼育《しつないしいく》と室外飼育《しつがいしいく》のどちらも可能《かのう》	完全《かんぜん》に室内飼育《しつないしいく》
予防《よぼう》	５種混合《しゅこんごう》ワクチン接種《せっしゅ》、狂犬病《きょうけんびょう》ワクチン接種《せっしゅ》、フィラリア予防《よぼう》、ノミとダニの予防《よぼう》をしている	３種混合《しゅこんごう》ワクチン接種《せっしゅ》、ノミとダニの予防《よぼう》をしている
感染症《かんせんしょう》の検査結果《けんさけっか》	フィラリア、バベシア、ブルセラなどの血液《けつえき》からうつる病気《びょうき》に感染《かんせん》していないこと	猫免疫不全《ねこめんえきふぜん》ウイルス、猫白血病《ねこはっけつびょう》ウイルス、ヘモプラズマなどの血液《けつえき》からうつる病気《びょうき》に感染《かんせん》していないこと

？ 去勢《きょせい》、避妊《ひにん》ってなに？

去勢《きょせい》はオスの動物《どうぶつ》にある精巣《せいそう》（睾丸《こうがん》）を取《と》る手術《しゅじゅつ》のことです。避妊《ひにん》はメスの動物《どうぶつ》にある卵巣《らんそう》と子宮《しきゅう》を取《と》る手術《しゅじゅつ》のことです。精巣《せいそう》と卵巣《らんそう》、子宮《しきゅう》はこどもを産《う》むために必要《ひつよう》な臓器《ぞうき》で、体《からだ》のなかからこれらを取《と》ることで病気《びょうき》の予防《よぼう》になったり、むやみにこどもを増《ふ》やさないようにすることができます。飼《か》い主《ぬし》さんが責任《せきにん》をもって犬《いぬ》や猫《ねこ》を飼《か》うための大切《たいせつ》な手術《しゅじゅつ》です。

いない場合《ばあい》には、条件《じょうけん》からはずれていても採血《さいけつ》することがあります。とくに猫《ねこ》で大量《たいりょう》に輸血《ゆけつ》する必要《ひつよう》がある場合《ばあい》、猫《ねこ》1匹《ぴき》から採血《さいけつ》できる量《りょう》はかぎられている（約《やく》50mL）ので、輸血用《ゆけつよう》の血液《けつえき》の確保《かくほ》がむずかしいときもあります。海外《かいがい》では大型犬《おおがたけん》の血液《けつえき》を猫《ねこ》に輸血《ゆけつ》して助《たす》かった例《れい》が報告《ほうこく》されていますが、別《べつ》の動物《どうぶつ》種《しゅ》どうしでの輸血《ゆけつ》は、とても重《おも》い副作用《ふくさよう》が出《で》ることが多《おお》いため、一般的《いっぱんてき》にはおこなわれていません。

輸血用《ゆけつよう》の血液《けつえき》を確保《かくほ》するには

さて、人《ひと》の輸血用血液《ゆけつようけつえき》は日本《にほん》で唯一《ゆいいつ》、血液《けつえき》事業《じぎょう》（血液《けつえき》バンク）をおこなっている日本《にほん》赤十字社《せきじゅうじしゃ》によって確保《かくほ》されていますが、動《どう》物《ぶつ》の場合《ばあい》はどうでしょうか？

世界的《せかいてき》に見《み》ると、アメリカ、イギリス、オーストラリアなどの先進国《せんしんこく》には、公的機関《こうてききかん》ではありませんが大規模《だいきぼ》な動物《どうぶつ》の血液《けつえき》バンクが複《ふく》数《すう》あり、犬《いぬ》や猫《ねこ》の血液《けつえき》を必要《ひつよう》なときに購入《こうにゅう》することができます。一方《いっぽう》、日本《にほん》には大規模《だいきぼ》な血液《けつえき》バンクがないので、それぞれの動物病院《どうぶつびょういん》が独自《どくじ》に血液《けつえき》を確保《かくほ》しなければなりません。

日本《にほん》で犬《いぬ》や猫《ねこ》の輸血用血液《ゆけつようけつえき》を確保《かくほ》するには3つの方法《ほうほう》があります。

どうして日本《にほん》には動物《どうぶつ》の血液《けつえき》バンクがないの？

日本《にほん》で動物《どうぶつ》の大規模《だいきぼ》な血液《けつえき》バンクの運営《うんえい》がむずかしい理由《りゆう》はいくつかあります。

①血液《けつえき》の供給源《きょうきゅうげん》となる動物《どうぶつ》の問題《もんだい》

もし、採血《さいけつ》のために動物《どうぶつ》を飼育《しいく》するのであれば、できるだけ動物《どうぶつ》にストレスを与《あた》えない飼《か》い方《かた》をしなければなりません。また、年老《としお》いて血液《けつえき》の供給《きょうきゅう》ができなくなった動物《どうぶつ》のことも責任《せきにん》をもって生涯飼《しょうがいか》い続《つづ》ける必要《ひつよう》があるのです。

②法律《ほうりつ》の問題《もんだい》

日本《にほん》では会社《かいしゃ》が動物《どうぶつ》の血液《けつえき》を動物病院《どうぶつびょういん》に販売《はんばい》するために、血液《けつえき》は薬事法《やくじほう》という法律《ほうりつ》で薬《くすり》としてあつかわれます。薬事法《やくじほう》では、薬《くすり》の製《せい》造《ぞう》にとてもきびしい衛生管理《えいせいかんり》と品質管理《ひんしつかんり》が求《もと》められます。これをクリアするためには、人《ひと》の輸血体制《ゆけつたいせい》と同《おな》じくらいレベルの高《たか》い大規模《だいきぼ》な設《せつ》備《び》が必要《ひつよう》です。また健康保険制度《けんこうほけんせいど》のない動物医療《どうぶついりょう》の世界《せかい》では、飼《か》い主《ぬし》さんが医療費《いりょうひ》を全額自己負担《ぜんがくじこふたん》する必要《ひつよう》があり、飼《か》い主《ぬし》さんの経済《けいざい》状況《じょうきょう》によって、はらえる金額《きんがく》に限界《げんかい》があります。そのため、維持管《いじかん》理《り》などに多《おお》くの費用《ひよう》と労力《ろうりょく》がかかる大規模《だいきぼ》な血液《けつえき》バンクを安定《あんてい》して運営《うんえい》することがむずかしいのです。

しかし、それぞれの動物病院《どうぶつびょういん》が独自《どくじ》に血液《けつえき》を用意《ようい》する場合《ばあい》には、このようなきびしい規制《きせい》はありません。そのため現状《げんじょう》では、それぞれの動物病院《どうぶつびょういん》が独自《どくじ》に血液《けつえき》を用意《ようい》する方法《ほうほう》がとられています。

それぞれの動物病院《どうぶつびょういん》が運営《うんえい》する血液《けつえき》バンクから血液《けつえき》を確保《かくほ》

動物病院《どうぶつびょういん》のなかでも比較的大《ひかくてきおお》きな病院《びょういん》（獣医大学付属動物病院《じゅういだいがくふぞくどうぶつびょういん》や専門動物病院《せんもんどうぶつびょういん》）では、輸血《ゆけつ》が必要《ひつよう》な重症《じゅうしょう》の動物《どうぶつ》が多《おお》く来院《らいいん》するため、それぞれが独自《どくじ》に小規模《しょうきぼ》な血液《けつえき》バンクをつくって血液《けつえき》を確保《かくほ》しています。ワクチン接種《せっしゅ》や健康診断《けんこうしんだん》などで動物病院《どうぶつびょういん》を訪《おとず》れる健康《けんこう》な犬《いぬ》や猫《ねこ》の飼《か》い主《ぬし》さんの了解《りょうかい》を得《え》て献血《けんけつ》（109ページ）してもらい、輸血用《ゆけつよう》の血液《けつえき》として保存《ほぞん》します。動物病院《どうぶつびょういん》によって違《ちが》いますが、献血《けんけつ》に協力《きょうりょく》してくれた犬《いぬ》や猫《ねこ》には健康診断《けんこうしんだん》、ワクチン接種《せっしゅ》、ペットフードの提供《ていきょう》などでお礼《れい》をします。献血《けんけつ》してくれた犬《いぬ》や猫《ねこ》にとっては（血液検査《けつえきけんさ》や健康診断《けんこうしんだん》をしてもらえるので）健康維持《けんこういじ》に役立《やくだ》ち、動物病院《どうぶつびょういん》としては輸血用《ゆけつよう》の血液《けつえき》を確保《かくほ》できるメリットがあります。しかしながら、献血《けんけつ》で得《え》た血液《けつえき》を輸血用《ゆけつよう》の血液製剤《けつえきせいざい》として保存《ほぞん》するための設備《せつび》や衛生《えいせい》管理《かんり》、在庫管理《ざいこかんり》などには手間《てま》もお金《かね》もかかるので、すべての動物病院《どうぶつびょういん》でこのような血液《けつえき》バンクを運営《うんえい》できるわけではありません。

同居《どうきょ》している動物《どうぶつ》やお友達《ともだち》の動物《どうぶつ》から血液《けつえき》を確保《かくほ》

では、血液《けつえき》バンクをもたない一般《いっぱん》の動物《どうぶつ》病院《びょういん》ではどのように血液《けつえき》を確保《かくほ》しているのでしょうか？　一般《いっぱん》の動物病院《どうぶつびょういん》では輸血《ゆけつ》が必《ひつ》要《よう》になる状況《じょうきょう》は多《おお》くないので、輸血《ゆけつ》が必要《ひつよう》なときに必要《ひつよう》な量《りょう》の血液《けつえき》を確保《かくほ》します。血液《けつえき》ドナー候補《こうほ》は、病気《びょうき》の動物《どうぶつ》と一緒《いっしょ》に飼育《しいく》されている動物《どうぶつ》や、飼《か》い主《ぬし》さんのお友達《ともだち》の動物《どうぶつ》だったりします。病気《びょうき》の動物《どうぶつ》の飼《か》い主《ぬし》さんに事《じ》情《じょう》を説明《せつめい》して、血液《けつえき》ドナーを探《さが》してもらいます。すべての飼《か》い主《ぬし》さんが血液《けつえき》ドナーを見《み》つけられるわけではないので、動物病院《どうぶつびょういん》に来院《らいいん》する健康《けんこう》な動物《どうぶつ》とその飼《か》い主《ぬし》さんに動物《どうぶつ》病院《びょういん》からお願《ねが》いをして血液《けつえき》をもらうこともあります。しかし、輸血《ゆけつ》は緊急《きんきゅう》でおこなうことが多《おお》いため、必要《ひつよう》なときに血液《けつえき》ドナーが見《み》つかるとはかぎりません。

供血犬《きょうけつけん》や供血猫《きょうけつねこ》から血液《けつえき》を確保《かくほ》

それでは同居《どうきょ》している動物《どうぶつ》や、お友達《ともだち》の動《どう》物《ぶつ》もいないときはどうするのでしょうか？この場合《ばあい》、供血犬《きょうけつけん》や供血猫《きょうけつねこ》と呼《よ》ばれる動物《どうぶつ》から血液《けつえき》をもらう以外《いがい》に方法《ほうほう》はありません。供《きょう》血犬《けつけん》や供血猫《きょうけつねこ》はそれぞれの動物病院《どうぶつびょういん》で飼育《しいく》されています。普段《ふだん》は動物病院《どうぶつびょういん》でペットとして手厚《てあつ》く健康管理《けんこうかんり》され、スタッフに可愛《かわい》がられていますが、いざというときに血液《けつえき》を提供《ていきょう》する動物《どうぶつ》として活躍《かつやく》してくれます。

しかし、このような供血犬《きょうけつけん》や供血猫《きょうけつねこ》がいない動物病院《どうぶつびょういん》で、どうしても血液《けつえき》が確保《かくほ》できない場合《ばあい》は、動物病院《どうぶつびょういん》の院長《いんちょう》やスタッフ（勤務《きんむ》獣医師《じゅういし》、動物看護師《どうぶつかんごし》、トリマーなど）が飼《か》っている犬《いぬ》や猫《ねこ》から血液《けつえき》をもらうことが多《おお》いのです！ 動物病院《どうぶつびょういん》の院長《いんちょう》のペットに大型犬《おおがたけん》が多《おお》いのは、たくさんの輸血用血液《ゆけつようけつえき》を確保《かくほ》できることが理由《りゆう》のひとつです。輸血《ゆけつ》で動物《どうぶつ》を助《たす》けられるのは、動物病院《どうぶつびょういん》ではたらくスタッフのさまざまな努力《どりょく》の結果《けっか》でもあるのです。

輸血用《ゆけつよう》の血液《けつえき》は どうやってつくられるの？

血液《けつえき》ドナーが見《み》つかったら、まず採血《さいけつ》しても問題《もんだい》がないかどうか血液《けつえき》ドナーの健康状《けんこうじょう》態《たい》を調《しら》べます。問題《もんだい》がなければ採血《さいけつ》して、輸《ゆ》血《けつ》に使《つか》っても良《よ》い血液《けつえき》かどうかを調《しら》べるために、感染症《かんせんしょう》の検査《けんさ》をおこないます。また血《けつ》液型《えきがた》を調《しら》べ、病気《びょうき》の動物《どうぶつ》の血液《けつえき》と**交差適合試《こうさてきごうし》験《けん》**（122ページ）をします。以上《いじょう》の検査《けんさ》で血液《けつえき》ドナーに問題《もんだい》がなく、病気《びょうき》の動物《どうぶつ》と血液《けつえき》ドナーの血液型《けつえきがた》が合《あ》えば（輸血適合性《ゆけつてきごうせい》）、血液《けつえき》ドナーから輸血用血液《ゆけつようけつえき》の採血《さいけつ》をおこないます。人《ひと》とは違《ちが》って、動物《どうぶつ》は体中《からだじゅう》に毛《け》が生《は》えているので、採血《さいけつ》するときに雑菌《ざっきん》が混《ま》じらないように細心《さいしん》の注意《ちゅうい》をはらいます。血液《けつえき》に雑菌《ざっきん》が混《ま》じると、輸血《ゆけつ》する動物《どうぶつ》が感染症《かんせんしょう》にかかってしまうからです。

犬《いぬ》や猫《ねこ》で安全《あんぜん》に採血《さいけつ》できる太《ふと》い血管《けっかん》は頸静《けいじょう》脈《みゃく》です。動物《どうぶつ》を横《よこ》に寝《ね》かせて、頸部《けいぶ》から採血《さいけつ》します。採血《さいけつ》のときに動物《どうぶつ》が暴《あば》れると危険《きけん》なので、暴《あば》れる動物《どうぶつ》には鎮静剤《ちんせいざい》と呼《よ》ばれる動物《どうぶつ》を眠《ねむ》らせる薬《くすり》を与《あた》えてからおこなう場合《ばあい》もあ

犬《いぬ》の血液型《けつえきがた》と輸血適合性《ゆけつてきごうせい》

		輸血《ゆけつ》が必要《ひつよう》な犬《いぬ》の血液型《けつえきがた》	
		DEA《ディーイーエー》1.1 プラス	DEA《ディーイーエー》1.1 マイナス
血液《けつえき》ドナーの血液型《けつえきがた》	DEA《ディーイーエー》1.1 プラス	○	×
	DEA《ディーイーエー》1.1 マイナス	○	○

※ 犬《いぬ》は DEA《ディーイーエー》 血液型《けつえきがた》システムで分類《ぶんるい》される

猫《ねこ》の血液型《けつえきがた》と輸血適合性《ゆけつてきごうせい》

		輸血《ゆけつ》が必要《ひつよう》な猫《ねこ》の血液型《けつえきがた》		
		A《エー》型《がた》	B《ビー》型《がた》	AB《エービー》型《がた》
血液《けつえき》ドナーの血液型《けつえきがた》	A《エー》型《がた》	○	×	△
	B《ビー》型《がた》	×	○	×
	AB《エービー》型《がた》	×	×	○

※ 猫《ねこ》は AB《エービー》血液型《けつえきがた》システムで分類《ぶんるい》される。△はほかに血液《けつえき》ドナーがいない場合《ばあい》に輸血《ゆけつ》が可能《かのう》

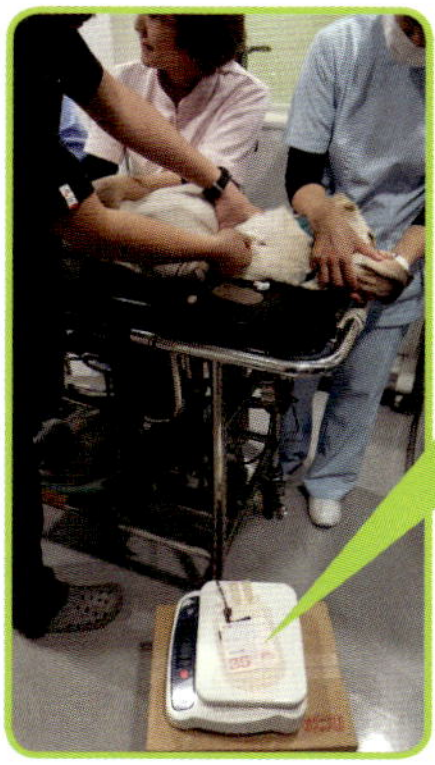

大型犬《おおがたけん》であるラブラドール・レトリーバーから輸血用血液《ゆけつようけつえき》を採血《さいけつ》している様子《ようす》

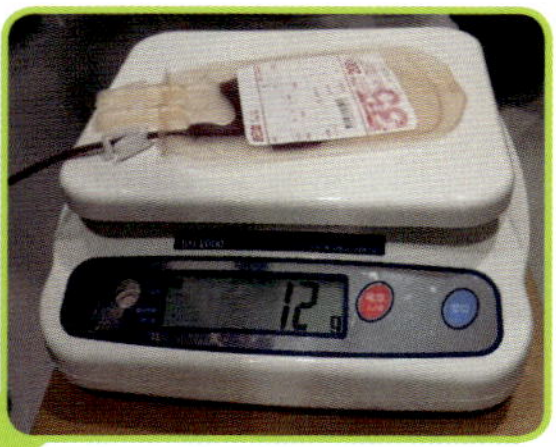

バッグをはかりにのせて採血《さいけつ》する量《りょう》を確認《かくにん》している

採血《さいけつ》した血液《けつえき》

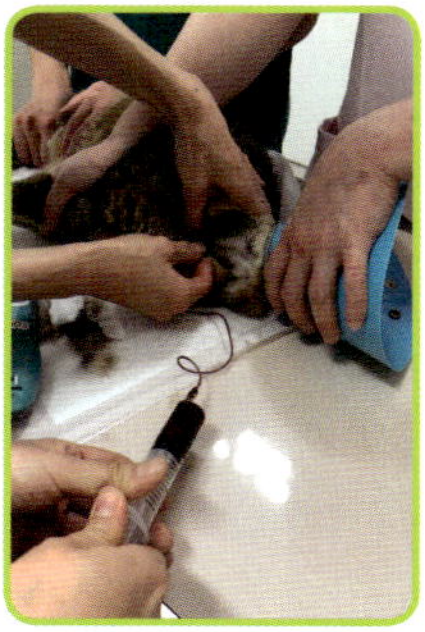

猫《ねこ》から輸血用血液《ゆけつようけつえき》を採血《さいけつ》している様子《ようす》。動物《どうぶつ》が暴《あば》れてケガをしないよう、首《くび》のまわりにエリザベスカラーと呼《よ》ばれる保護具《ほごぐ》をつけている

ります。

大型犬《おおがたけん》（体重《たいじゅう》20kg以上《いじょう》）の場合《ばあい》は体《からだ》が大《おお》きくたくさん採血《さいけつ》できるので、バッグにそのまま２００～４００mLほど採血《さいけつ》しますが、中型犬《ちゅうがたけん》（体重《たいじゅう》10kg以上《いじょう》20kg未満《みまん》）からは２００mL、小型犬《こがたけん》（体重《たいじゅう》10kg未満《みまん》）や猫《ねこ》からは40～60mLほど注射器《ちゅうしゃき》で採血《さいけつ》します。この採血《さいけつ》できる量《りょう》は、次《つぎ》のような理由《りゆう》で決《き》まっています。犬《いぬ》の全身血液量《ぜんしんけつえきりょう》（体《からだ》に流《なが》れるすべての血液《けつえき》の量《りょう》）は体重《たいじゅう》1kgあたり約《やく》90mL、猫《ねこ》では約《やく》65mLといわれています。したがって、体重《たいじゅう》10kgのビーグルならだいたい９００mL、体重《たいじゅう》4kgの猫《ねこ》ならだいたい２６０mLの血液《けつえき》が体《からだ》のなかを流《なが》れています。このうち約《やく》3分《ぶん》の1を失《うしな》うと死《し》の危険性《きけんせい》があり、その量《りょう》はビーグルだと３００

犬《いぬ》と猫《ねこ》の輸血用採血量《ゆけつようさいけつりょう》の基準《きじゅん》

mL、4kgの猫《ねこ》だと約《やく》90mLとなります。つまり安全《あんぜん》に採血《さいけつ》するために、この量《りょう》よりももっと少《すく》ない量《りょう》（犬《いぬ》の場合《ばあい》は体重《たいじゅう》1kgあたり20mL以《い》下《か》、猫《ねこ》の場合《ばあい》は体重《たいじゅう》1kgあたり15mL以下《いか》）で採血《さいけつ》しなければならないのです。

　また犬《いぬ》では、体重《たいじゅう》が2～3kgのチワワから体重《たいじゅう》が50kgのセント・バーナードまで品種《ひんしゅ》によって体《からだ》の大《おお》きさや体重《たいじゅう》に差《さ》があります。小《こ》型犬《がたけん》への輸血《ゆけつ》では、血液量《けつえきりょう》は少《すく》なくて済《す》みますが、大型犬《おおがたけん》に輸血《ゆけつ》する場合《ばあい》は大量《たいりょう》の血液《けつえき》が必要《ひつよう》となるので、大型犬《おおがたけん》の血液《けつえき》ドナーからしか採血《さいけつ》できません。ただ、幸《さいわ》いにも日本《にほん》では小型犬《こがたけん》の品種《ひんしゅ》（チワワ、トイ・プードル、ミニチュア・ダックスフンドなど）が多《おお》く飼育《しいく》されているため、小型犬《こがたけん》への輸血《ゆけつ》では大型犬《おおがたけん》が1頭《とう》いれば十分《じゅうぶん》な量《りょう》の血液《けつえき》を確保《かくほ》できます。一方《いっぽう》、猫《ねこ》では品種《ひんしゅ》による体重《たいじゅう》の差《さ》があまりないため、大量《たいりょう》に輸血《ゆけつ》する場合《ばあい》は何匹《なんびき》かの猫《ねこ》が必要《ひつよう》になります。

　以上《いじょう》の方法《ほうほう》で確保《かくほ》した輸血用《ゆけつよう》の血液《けつえき》は、多《おお》くの場合《ばあい》、採血《さいけつ》してすぐに病気《びょうき》の動物《どうぶつ》にそのまま輸血《ゆけつ》されます。大《おお》きな動物病院《どうぶつびょういん》の血液《けつえき》バンクでは、人《ひと》と同《おな》じように、全血《ぜんけつ》（113ページ）、赤血球製剤《せっけっきゅうせいざい》、血漿製剤《けっしょうせいざい》などに分《わ》けて保存《ほぞん》します。人《ひと》では副作用《ふくさよう》を減《へ》らすために輸血用《ゆけつよう》の血《けつ》液《えき》から献血者《けんけつしゃ》の白血球《はっけっきゅう》を取《と》りのぞいたり放射《ほうしゃ》線照射《せんしょうしゃ》をおこないますが、犬《いぬ》や猫《ねこ》では設備《せつび》がないためこのような処置《しょち》はできていません。そのため、輸血《ゆけつ》の副作用《ふくさよう》が起《お》こる確率《かくりつ》は人《ひと》の輸血《ゆけつ》よりもすこしだけ高《たか》くなります。

どんなときに輸血《ゆけつ》は必要《ひつよう》なの？

むかしは室外《しつがい》で飼《か》われている犬《いぬ》や猫《ねこ》が多《おお》かったので、交通事故《こうつうじこ》にあいやすく、大量《たいりょう》に出血《しゅっけつ》してしまい輸血《ゆけつ》が必要《ひつよう》な状況《じょうきょう》がよく見《み》られました。また、室外《しつがい》で飼育《しいく》されている動物《どうぶつ》では、ウイルスや赤血球寄生体《せっけっきゅうきせいたい》に感染《かんせん》して赤《せっ》血球《けっきゅう》がこわされてしまう病気《びょうき》（溶血性疾患《ようけつせいしっかん》）が多《おお》く見《み》られます。これらの治療《ちりょう》には今《いま》でも輸血《ゆけつ》が必要《ひつよう》ですが、最近《さいきん》は室内《しつない》で飼育《しいく》される犬《いぬ》や猫《ねこ》が増《ふ》えたため、このような病気《びょうき》の発生《はっせい》が減《へ》ってきています。

現在《げんざい》ではワクチン接種《せっしゅ》、フィラリア予防《よぼう》、室内飼育《しつないしいく》、ペットフードの普及《ふきゅう》により、犬《いぬ》と

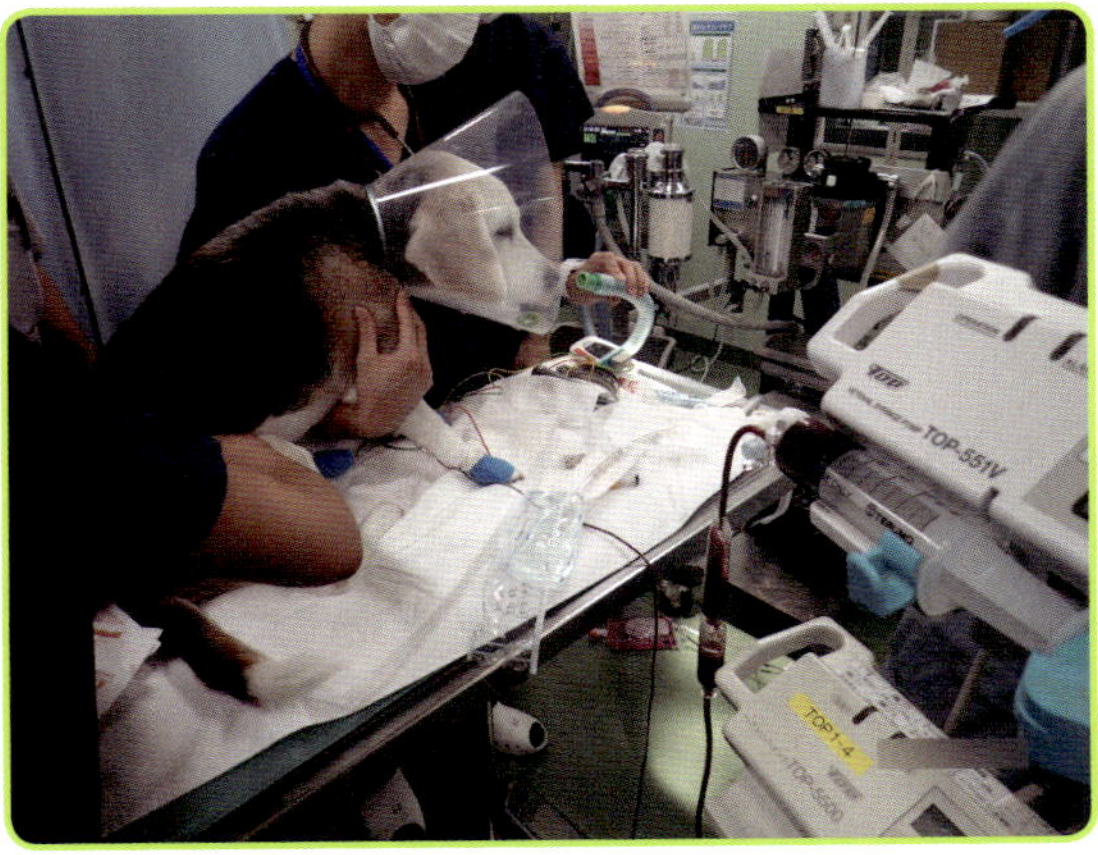

輸血《ゆけつ》の様子《ようす》。写真《しゃしん》は13歳《さい》のビーグル。
脾臓《ひぞう》のがんを取《と》り出《だ》す手術《しゅじゅつ》をおこなう前《まえ》に輸血《ゆけつ》をした

猫《ねこ》の寿命《じゅみょう》が飛躍的《ひやくてき》に伸《の》びました。さらに、画像検査《がぞうけんさ》（CT《シーティー》やMRI《エムアールアイ》など）、遺伝子検査《いでんしけんさ》、放射線治療《ほうしゃせんちりょう》などの高度医療《こうどいりょう》の発展《はってん》により、今《いま》まで診断《しんだん》や治療《ちりょう》ができなかった病気《びょうき》を治療《ちりょう》できるようになりました。このようにして犬《いぬ》や猫《ねこ》の寿命《じゅみょう》が伸《の》びると、人《ひと》と同《おな》じようにがんになってしまう動物《どうぶつ》が増《ふ》えてきます。正確《せいかく》に調査《ちょうさ》したわけではありませんが、現在《げんざい》、犬《いぬ》や猫《ねこ》に輸血《ゆけつ》する理由《りゆう》としてもっとも多《おお》いのは、がんの破裂《はれつ》による出血《しゅっけつ》、手術《しゅじゅつ》や抗《こう》がん剤《ざい》の使用《しよう》など、がんに関《かん》する治療《ちりょう》です。また、犬《いぬ》では免疫介在性溶血性貧血《めんえきかいざいせいようけつせいひんけつ》という自分《じぶん》の赤血球《せっけっきゅう》を自分《じぶん》の**免疫細胞**《めんえきさいぼう》（121ページ）がこわしてしまう病気《びょうき》でも輸血《ゆけつ》が必要《ひつよう》で、このような病気《びょうき》は多《おお》く見《み》られます。最近《さいきん》では犬《いぬ》の心臓手術《しんぞうしゅじゅつ》で利用《りよう》

される人工心肺装置《じんこうしんぱいそうち》と呼《よ》ばれる動物《どうぶつ》の心臓《しんぞう》や肺《はい》のかわりをしてくれる装置《そうち》のなかを、血液《けつえき》で満《み》たすために大量《たいりょう》の血液《けつえき》が必要《ひつよう》になる場合《ばあい》もあります。

人《ひと》とは違《ちが》って保管《ほかん》されている血液量《けつえきりょう》が少《すく》ないため、同《おな》じ動物《どうぶつ》に輸血《ゆけつ》をくり返《かえ》して命《いのち》をつなぐことは困難《こんなん》です。人《ひと》と同《おな》じように、必要《ひつよう》なときに必要《ひつよう》な分《ぶん》だけ血液《けつえき》を使《つか》えるようにするには、大《おお》きな血液《けつえき》バンクをつくらなければなりません。

輸血《ゆけつ》の副作用《ふくさよう》

輸血《ゆけつ》の副作用《ふくさよう》は人《ひと》と同《おな》じで、血液型《けつえきがた》が合《あ》わないことで起《お》きる溶血《ようけつ》（15ページ）、アレルギー反応《はんのう》（122ページ）、ウイルスや細菌《さいきん》の感染《かんせん》があげられます。とくに、犬《いぬ》の場合《ばあい》は1回目《かいめ》の輸血《ゆけつ》では副作用《ふくさよう》が出《で》なくても、2回目《かいめ》の輸血《ゆけつ》でとても強《つよ》い溶血反応《ようけつはんのう》が出《で》ることがあるので注意《ちゅうい》が必要《ひつよう》です。

実際《じっさい》の輸血《ゆけつ》では、脈拍《みゃくはく》や呼吸《こきゅう》の数《かず》、体温《たいおん》、血圧《けつあつ》の測定《そくてい》、舌《した》や下《した》まぶたの裏側《うらがわ》の色《いろ》（粘膜《ねんまく》色《しょく》）の確認《かくにん》などを15分《ふん》おきにおこないます。異常《いじょう》が見《み》られた場合《ばあい》には、すぐに輸血《ゆけつ》を中止《ちゅうし》してその原因《げんいん》を調《しら》べます。

動物病院《どうぶつびょういん》での取《と》り組《く》み

さきほどお話《はなし》したように、動物病院《どうぶつびょういん》では血《けつ》液《えき》を必要《ひつよう》としている動物《どうぶつ》のために、血液《けつえき》ドナーとなる供血犬《きょうけつけん》や供血猫《きょうけつねこ》を飼育《しいく》している病《びょう》院《いん》があります。これらの供血動物《きょうけつどうぶつ》は動物《どうぶつ》を治《ち》療《りょう》するために必要不可欠《ひつようふかけつ》な存在《そんざい》ですが、一方《いっぽう》で、採血《さいけつ》するためだけにせまい部屋《へや》のなかに閉《と》じこめて飼育《しいく》することは、かれらの不幸《ふこう》につながります。動物《どうぶつ》の痛《いた》みやストレスを最小《さいしょう》限《げん》にして動物《どうぶつ》の幸福《こうふく》を保《たも》つことを「動物福《どうぶつふく》祉《し》」といい、供血動物《きょうけつどうぶつ》を飼育《しいく》する動物病院《どうぶつびょういん》は、動物福祉《どうぶつふくし》を最大限《さいだいげん》に考《かんが》えて飼育《しいく》しなければなりません。たとえば、できるだけ広《ひろ》い室内《しつない》で飼《し》育《いく》する、清潔《せいけつ》で快適《かいてき》な飼育環境《しいくかんきょう》を保《たも》つ、定《てい》期的《きてき》に散歩《さんぽ》したり、空《あ》いている時間《じかん》を利用《りよう》して一緒《いっしょ》に遊《あそ》ぶなど、ペットとして飼育《しいく》されている犬《いぬ》や猫《ねこ》と同《おな》じように接《せっ》します。あまり知《し》られていないことですが、動物《どうぶつ》に輸血《ゆけつ》をして飼《か》い主《ぬし》さんからいただく治療費《ちりょうひ》よりも、供血《きょうけつ》動物《どうぶつ》を飼育《しいく》するのにかかる費用《ひよう》（動物《どうぶつ》の購入《こうにゅう》、毎日《まいにち》の食事《しょくじ》、ワクチン接種《せっしゅ》やフィラリア予防《よぼう》、ノミとダニの予防《よぼう》、健康診断《けんこうしんだん》などにかかるお金《かね》）の方《ほう》が高《たか》いのです。動物病院《どうぶつびょういん》は、病気《びょうき》の動物《どうぶつ》と供血動物《きょうけつどうぶつ》の両方《りょうほう》の幸《しあわ》せを考《かんが》えなければならないのです。

　動物《どうぶつ》も人《ひと》と同《おな》じように、ボランティアによる献血制度《けんけつせいど》がととのっていれば、動物病院《どうぶつびょういん》で供血動物《きょうけつどうぶつ》を飼育《しいく》する必要《ひつよう》はなくなります。輸《ゆ》血《けつ》ができずに困《こま》っている動物《どうぶつ》たちはたくさん

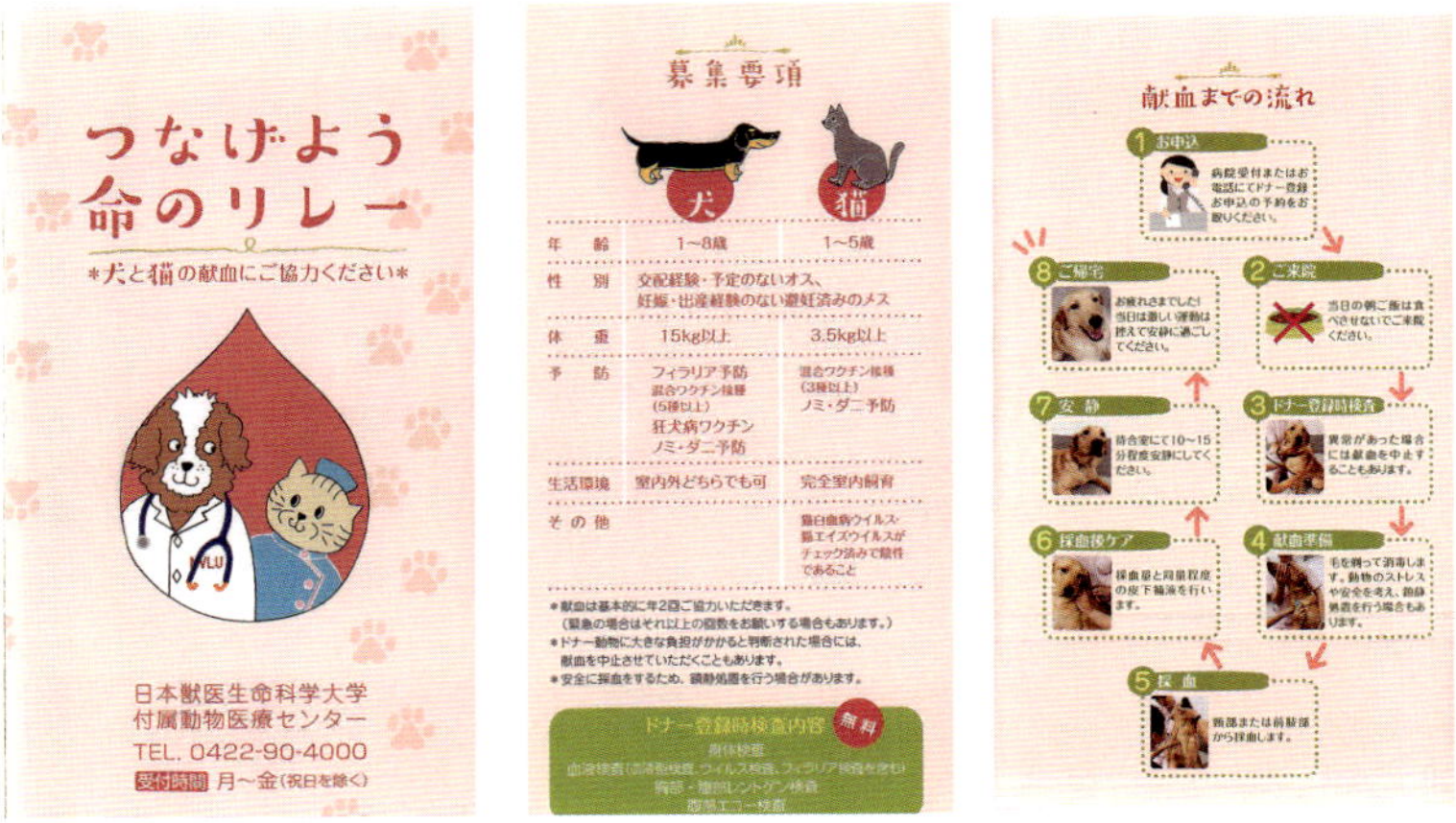

献血《けんけつ》ボランティア向《む》けのパンフレット

いて、血液《けつえき》を確保《かくほ》できずに命《いのち》を落《お》とす動物《どうぶつ》もたくさんいます。また、ある日《ひ》とつぜん愛《あい》するペットが輸血《ゆけつ》をしなければならないときに、血液《けつえき》を確保《かくほ》できないことがあるかもしれません。

このような状況《じょうきょう》をなくすためにも、動物病院《どうぶつびょういん》では献血制度《けんけつせいど》の確立《かくりつ》を目指《めざ》して努力《どりょく》をしています。その例《れい》として、私《わたし》がはたらいている日本獣医生命科学大学付属動物医療《にほんじゅういせいめいかがくだいがくふぞくどうぶついりょう》センターでは、犬《いぬ》と猫《ねこ》の献血《けんけつ》ボランティアを募集《ぼしゅう》しています。しかし、それでも献血《けんけつ》に協力《きょうりょく》を申《もう》し出《で》てくれる飼《か》い主《ぬし》さんはそう多《おお》くありません。もしあなたが健康《けんこう》な犬《いぬ》や猫《ねこ》を飼《か》っているのなら、すこしでも多《おお》くの命《いのち》を救《すく》うお手伝《てつだ》いとして、血液《けつえき》バンクを運営《うんえい》している動物病院《どうぶつびょういん》の献血《けんけつ》ボランティアに協力《きょうりょく》してみませんか？そしていざというときのために、大切《たいせつ》なペットの血液型《けつえきがた》を一度《いちど》調《しら》べてみるのはいかがでしょうか。

●参考文献

第1章

1）日本赤十字社：http://www.jrc.or.jp/donation/first/knowledge/（２０１８年７月現在）
2）古畑種基：血液型の話．岩波書店，東京（１９６２）．
3）池本卯典ほか：血液型の遺伝子．専修大学出版局，東京（１９９６）．
4）梶井英治編：最新 血液型学．南山堂，東京（１９９８）．
5）梶井英治：新人類遺伝学入門．南山堂，東京（１９９９）．
6）山本文一郎：ＡＢＯ血液型がわかる科学．岩波書店，東京（２０１５）．
7）日本輸血・細胞治療学会 認定医制度指定カリキュラム委員会 編：新版 日本輸血・細胞治療学会 認定医制度指定カリキュラム．第1版（２０１２）．
8）International Society of Blood Transfusion：http://www.isbtweb.org/working-parties/red-cell-immunogenetics-and-blood-group-terminology/（２０１８年７月現在）
9）Daniels G：Human Blood Group. Blackwell Science Ltd, Oxford（1995）.
10）S．D．ロウラー／L．J．ロウラー：血液型の遺伝．山川振作 訳，八杉龍一／碓井益雄 監修．河出書房新社，東京（１９７４）．
11）永田宏：血液型で分かる なりやすい病気なりにくい病気．講談社，東京（２０１３）．
12）藤田紘一郎：血液型の科学 ―かかる病気，かからない病気．祥伝社，東京（２０１０）．
13）Thomas V, Rebecca JC, Soraya A, Edgar M, Anita T, Behrouz MT：Blood Group Distribution in Switzerland – a Historical Comparison. *Transfus Med Hemother.* 44, 210–216（2017）.
14）Amit A, Aseem KT, Nidhi M, Prasun B, Ravi W, Sunita T, Susheela K：ABO and Rh（D）group distribution and gene frequency; the first multicentric study in India. *Asian J Transfus Sci.* 8（2）,121–125（2014）.
15）Fraser GR, GiblettI ER, Stransky E, Motulsky AG：Blood Groups in the Philippines. *J med genet.* 1,107-109（1964）.
16）Golassa L, Tsegaye A, Erko B, Mamo H：High rhesus（Rh（D））negative frequency and ethnic-group based ABO blood group distribution in Ethiopia. *BMC Res Notes.* 10, 330（2017）.
17）ABO distributions in England, Wales and Norther Ireland. Blood stocks Management Scheme：http://www.bloodstocks.co.uk/pdf/ExecutiveSummary1.pdf（２０１８年７月現在）

第2章

1）細田達雄ほか：家畜の血液型とその応用．佐々木清綱 監修著．養賢堂，東京（１９７１）．
2）鈴木正三ほか：比較血液型学．鈴木正三 監修，池本卯典，向山明孝 編集．裳華房，東京（１９６５）．

3）岡田育穂：家畜の血液型．広大フォーラム．２９３，26－27（１９９２）．
4）長澤弘ほか：新編 畜産大事典．畜産大事典編集委員会 編，田先威和夫 監修．養賢堂，東京（１９９６）．
5）谷本義文：血液学 ―ヒトと動物の接点―．清至書院，東京（１９８２）．
6）石井暢：実験動物とヒトの血液・臨床生化学検査値集．改訂新版，清至書院，東京（１９８３）．
7）動物遺伝育種学事典編集委員会 編集：動物遺伝育種学事典．朝倉書店，東京（２００１）．
8）長澤弘ほか：実験動物ハンドブック．養賢堂，東京（１９８３）．
9）Jain NC：獣医血液型学．作野幸孝 訳，松原鉄舟 監修．ＬＬＬセミナー，鹿児島（１９９６）．
10）Josef M, Československá AV：Blood groups of animals: proceedings of the 9th European Animal Blood Group Conference held in Prague, August 18-22, 1964. Springer, Berlin（2013）.
11）津田恒之，小原嘉昭，加藤和雄，萩野顕彦，佐々田比呂志：第二次改訂増補 家畜生理学．養賢堂，東京（２００４）．
12）いろは出版 編著：寿命図鑑 生き物から宇宙まで万物の寿命をあつめた図鑑．いろは出版，京都（２０１６）．
13）岡田育穂：鶏における血液型研究の進展．日本家禽学会誌，28，２０３－２１３（１９９１）．
14）Suswoyo I, Ismoyowati I, Sulistyawa IH：Benefit of swimming access to behaviour, body and plumage condition and heat stress effect of local ducks. *International Journal of Poultry Science.* 13,214-217（2014）.
15）Briles WE：Current status of blood groups in domestic birds. *Journal of Animal Breeding and Genetics.* 79,371–391（1963）.
16）Damerow D：The Chicken Health Handbook, 2nd Edition: A Complete Guide to Maximizing Flock Health and Dealing With Disease. Storey Publishing, North Adams（2015）.
17）Marais M, Gugushe N, Maloney SK, Gray DA：Body temperature responses of Pekin ducks（Anas platyrhynchos domesticus）exposed to different pathogens. *Poult Sci.* 90, 234-1238（2011）.
18）Bhattacherjee A, Acharya CP, Rana N, Mallik BK, Mohanty PK：Haematological and morphometrical analysis of blood cells of Khaki Campbell duck（Anas platyrhynchos）in different age groups with respect to sexual dimorphism. *Comparative Clinical Pathology.*（2018）.
19）Kear K：Ducks, Geese and Swans: Species accounts（Cairina to Mergus）, Vol 2. Oxford University Press, Oxford（2005）.
20）Kocan RM, Pitts SM：Blood values of the canvasback duck by age, sex and season. *J Wildl Dis.* 12,341-346（1976）.
21）Olayemi F, Oyewale J, Rahman S, Omolewa O：Comparative assessment of the white blood cell values, plasma volume and blood volume in the young and adult Nigerian duck（*Anas platyrhynchos*）. *VETERINARSKI ARHIV.* 73,271-276（2003）.
22）Rodnan GP, Ebaugh FG Jr, Fox MR：The life span of the red blood cell and the red blood cell volume in the chicken, pigeon and duck as estimated by the use of Na2Cr51O4, with observations on red cell turnover rate in the mammal, bird and reptile. *Blood.* 12,355-366（1957）.
23）George JC, Bada J, Zeh J, Scott L, Brown SE, O'Hara T, Suydam R：Age and growth estimates of bowhead whales（*Balaena mysticetus*）via aspartic acid racemization. *Canadian Journal of Zoology-Revue Canadienne De Zoologie.* 77,571-580（1999）.

24) Harboe A, Schrumpf A：The red blood cell diameter in blue whale and humpback whale. *Acta Haematol.* 9,54-55(1953).
25) Whittow GC, Hampton IF, Matsuura DT, Oata CA, Smith RM, Allen JF：Body temperature of three species of whales. *J Mammal.* 55,653-656(1974).
26) Shirai K, Sakai T：Haematological findings in captive dolphins and whales. *Aust Vet J.* 75,512-514(2008).
27) Tinker SW：Whales of the World : Spencer Wilkie Published and distributed.by Bess Press, New York(1988).
28) 夏野義啓：ウマの血液型検査の現状．動物遺伝研究会誌．26，19－25（１９９８）．
29) Cozzi B, Ballarin C, Mantovani R, Rota A：Aging and Veterinary Care of Cats, Dogs, and Horses through the Records of Three University Veterinary Hospitals. *Front Vet Sci.* 4,14(2017).
30) 日本中央競馬会競走馬総合研究所：馬の医学書．チクサン出版．東京（１９９７）．
31) Bowling, AT, Ruvinsky A：The Genetics of the Horse.CAB International, Wallingford,(2000).
32) Hobbs JJ：Bedouin Life in the Egyptian Wilderness. University of Texas Press, Austin(1989).
33) Nguyen TC：Genetic systems of red cell blood groups in goats. *Anim Genet.* 21,233-245(1990).
34) Oellermann M, Lieb B, Pörtner HO, Semmens JM, Mark FC：Blue blood on ice: modulated blood oxygen transport facilitates cold compensation and eurythermy in an Antarctic octopod. *Frontiers in Zoology.* 12,16(2015).
35) Nomura K, Kurogi K, Morita M, Kanemaki M, Saitoh E, Kawakami S, Cho CY, Sutopo, Faruque Md.O, Amano T：Common Erythrocyte Antigens Among Cattle and their Close Relatives Revealed by Analysis of Monoclonal Antibodies. *J Agric Sci Tokyo Univ Agric.* 53,63-68(2008).
36) 黒木 一仁：遺伝子型（ＤＮＡ型）による親子判定，個体識別の利用事例あれこれ．LIAJ NEWS．１３３，22－23（２０１２）．
37) McKenna E, Light A：Animal Pragmatism: Rethinking Human-nonhuman Relationships. Indiana University Press. Bloomington(2004).
38) 大石孝雄，仁昌寺博，堀内篤，兵頭勲：ランドレース種のＰＳＥ豚肉の淘汰におけるハロセン，Ｈ，ＰＨＩおよび６ＰＧＤ型の有効性．日本畜産学会報．52，５８６－５９４（１９８１）．
39) 大石孝雄：豚の血液型と１日平均増体重，背脂肪の厚さとの関連性について．*ABRI.* ９，37－42（１９８１）．
40) Cozzi, B, Ballarin C, Mantovani R, Rota A：Aging and veterinary care of cats, dogs, and horses through the records of three university veterinary hospitals. *Front. Vet. Sci.* 4.14(2017).
41) Houdebine LM, Fan J：Rabbit Biotechnology: Rabbit genomics, transgenesis, cloning and models. Springer, Berlin(2009).
42) Fox JG, Anderson LC, Loew FM, Quimby FW：Laboratory Animal Medicine. 2nd Ed. Academic Press, California(2002).
43) Hedrich H：The Laboratory Mouse. 2nd Ed. Academic Press, California(2012).
44) Kirby R, Linklater A：Monitoring and Intervention for the Critically Ill Small Animal: The Rule of 20. Wiley Blackwell, Hoboken(2016).
45) Smith DM, Newhouse M, Naziruddin B, Kresie L：Blood groups and transfusions in pigs. *Xenotransplantation.* 13,186-194(2006).
46) 横山三男ほか：Carl Cohen のウサギの血液型について われわれの検討の第１報．*Journal of the Japan Society of Blood Transfusion.* ５，１６１－１６６

（１９９８）.
47) 近江俊徳：犬の血液型．キソから理解するＶｏｌ．13．月刊ａｓ．５月号．79－83．インターズー．東京（２０１５）.
48) Blais MC, Berman L, Oakley DA, Giger U : Canine Dal blood type: A red cell antigen lacking in some Dalmatians. *J Vet Intern Med.* 21,281-286(2017).
49) Ferreira RR, Gopegui RR, Matos AJ : Frequency of dog erythrocyte antigen 1.1 expression in dogs from Portugal. *Vet Clin Pathol.* 40,198-201(2011).
50) Giger U : Practical Transfusion Medicine（実践的輸血療法）．第23回動物臨床医学会 Proceed-ings No.3,197-201(2002).
51) Goulet S, Giger U, Arsenault J, Abrams-Ogg A, Euler CC, Blais MC : Prevalence and Mode of Inheritance of the Dal Blood Group in Dogs in North America. *J Vet Intern Med.* 31,751–758(2017).
52) Hale AS : Canine blood groups and their importance in veterinary transfusion medicine. *Vet Clin North Am Small Anim Pract.* 25,1323-1332(1995).
53) Lee JH, Giger U, Kim HY : Kai 1 and Kai 2: Characterization of these dog erythrocyte antigens by monoclonal antibodies. *PLoS One.* 12(6),e0179932 (2017).
54) 中村知尋ほか：犬の血液型ＤＥＡ１．１の品種別出現頻度の調査：１５０３例．急性溶血に関する症例検討会．第13回日本獣医内科学アカデミー学術大会 抄録集１．１７９（２０１７）.
55) 政田早苗ほか：赤血球凝集反応を利用した犬用血液型（ＤＥＡ１．１型）判定試薬の臨床的有用性の評価．動物臨床医学．13．１１９－１２３（２００４）.
56) van der Merwe LL, Jacobson LS, Pretorius GJ : The breed prevalence of dog erythrocyte antigen 1.1 in the Onderstepoort area of South Africa and its significance in selection of canine blood donors. *J S Afr Vet Assoc.* 73,53-56(2002).
57) Weinstein NM, Blais MC, Harris K, Oakley DA, Aronson LR, Giger U : A newly recognized blood group in domestic shorthair cats: the Mik red cell antigen. *J Vet Intern Med.* 21,287-292(2007).
58) Ejima H, Kurokawa K, Ikemoto S : DEA 1 blood group system of dogs reared in Japan. *Nihon Juigaku Zasshi.* 44,815-817(1982).
59) Riond B, Schuler E, Rogg E, Hofmann-Lehmann R, Lutz H : Prevalence of dog erythrocyte antigen 1.1 in dogs in Switzerland evaluated with the gel column technique. *Schweiz Arch Tierheilkd.* 153,369-374(2011).
60) Omi T, Nakazawa S, Udagawa C, Tada N, Ochiai K, Chong YH, Kato Y, Mitsui H, Gin A, Oda H, Azakami D, Tamura K, Sako T, Inagaki T, Sakamoto A, Tsutsui T, Bonkobara M, Tsuchida S, Ikemoto S : Molecular Characterization of the Cytidine Monophosphate-N-Acetylneuraminic Acid Hydroxylase(CMAH)Gene Associated with the Feline AB Blood Group System. *PLoS One.* 11(10),e0165000(2016).
61) Anjomruz M, Oshaghi MA, Pourfatollah AA, Sedaghat MM, Raeisi A, Vatandoost H, Khamesipour A, Abai MR, Mohtarami F, Akbarzadeh K, Rafie F, Besharati M : Preferential feeding success of laboratory reared Anopheles stephensi mosquitoes according to ABO blood group status. *Acta Trop.* 14,118-123(2014).
62) Gamble KC, Moyse JA, Lovstad JN, Ober CB, Thompson EE : Blood groups in the Species Survival Plan®, European endangered species program, and managed in situ populations of bonobo (Pan paniscus), common chimpanzee (Pan troglodytes), gorilla (Gorilla ssp.), and orangutan (Pongo pygmaeus ssp.). *Zoo Biol.* 30,427-444(2011).

63）Hawkey CM：Comparative Mammalian Haematology. William Hemann Medical Books Ltd, London(1975).
64）Jensen SA, Mundry R, Nunn CL, Boesch C, Leendertz FH：Non-invasive Body Temperature Measurement of Wild Chimpanzees Using Fecal Temperature Decline. *J Wildl Dis.* 45,542-546(2009).
65）Evance GO：Animal Hematotoxicology: A Practical Guide for Toxicologists and Biomedical Researchers. CRC Press, Boca Raton(2008).
66）Howell S, Hoffman K, Bartel L, Schwandt M, Morris J, Fritz J：Normal hematologic and serum clinical chemistry values for captive chimpanzees (Pan troglodytes). *Comp Med.* 53, 413-423(2003).
67）Findt R：Amazing Numbers in Biology. Springer, Berlin(2006).
68）Guidelines for Care and Use of Nonhuman Primates. Primate Research Institute, Kyoto University(2010).
69）山本文一郎：ABO血液型がわかる科学．岩波書店，東京（１９９９）．

第３章

1）本郷利憲，廣重力，豊田順一監修：標準生理学，第６版，医学書院，東京（２００５）．
2）三輪一智著：生化学　人体の構造と機能〈2〉，医学書院，東京（２０１７）．
3）AE, Raizes G：Green blood pigment in lizards. *Science.* 166,392(1969).
4）朝日新聞：ののちゃんのＤＯ科学，血管が青いのはなぜ？．http://www.asahi.com/edu/nie/tamate/kiji/TKY200507110101.html（２０１８年７月現在）
5）Kienle A, Lilge L, Vitkin IA, Patterson MS, Wilson BC, Hibst R, Steiner R：Why do veins appear blue? A new look at an old question. Appl Opt. 5,1151(1996).
6）Healthline：The Colorful Stages of Bruises: What's Going on in There? https://www.healthline.com/health/bruise-colors（２０１８年７月現在）
7）Hiroshige Y, Hara M, Nagai A, Hikitsuchi T, Umeda M, Kawajiri Y, Nakayama K, Suzuki K, Takada A, Ishii A, Yamamoto T：A human genotyping trial to estimate the post-feeding time from mosquito blood meals. *PLoS One.* 12(6),e0179319(2017).
8）山本文一郎：ＡＢＯ血液型がわかる科学，岩波書店，東京（２０１５）．
9）Shirai Y, Funada H, Seki T, Morohashi M, Kamimura K：Landing preference of Aedes albopictus (Diptera: Culicidae) on human skin among ABO blood groups, secretors or nonsecretors, and ABH antigens. *J Med Entomol.* 41,796-799(2004).
10）永尾暢夫ほか：まれな血液型の検出と供給状況．*Japanese Journal of transfusion Medicine.* 39（６），９３０-９３６（１９９３）．
11）梶井英治編：最新 血液型学，南山堂，東京（１９９８）．
12）Omi T, Nakazawa S, Udagawa C, Tada N, Ochiai K, Chong YH, Kato Y, Mitsui H, Gin A, Oda H, Azakami D, Tamura K, Sako T, Inagaki T, Sakamoto A, Tsutsui T, Bonkobara M, Tsuchida S, Ikemoto S：Molecular Characterization of the Cytidine Monophosphate-N-Acetylneuraminic Acid Hydroxylase(CMAH)Gene Associated with the Feline AB Blood Group System. *PLoS One.* 11(10),e0165000(2016).
13）山本茂：植物の血液型学的研究（５）ＡＢＯ式血液型様活性を有する野菜，果物，香辛料の血清学的性状，科学警察研究所報告，法科学編，34，

１９１‐１９６（１９８１）.
14）博学こだわり倶楽部 編：花と植物おもしろ雑学王．　河出書房新社，東京（２００７）.

第４章パート１

1）高本滋：輸血の歴史．新版 日本輸血・細胞治療学会 認定医制度指定カリキュラム．日本輸血・細胞治療学会 認定医制度指定カリキュラム委員会 編．第１版．11－16（２０１２）.
2）十字猛夫：日本の血液事業の歴史．新版 日本輸血・細胞治療学会 認定医制度指定カリキュラム．日本輸血・細胞治療学会 認定医制度指定カリキュラム委員会 編．第１版．16－18（２０１２）.
3）ダグラス・スター：血液の歴史．山下篤子訳．河出書房新社，東京（２００９）.
4）大阪府赤十字血液センター：https://www.https://www.bs.jrc.or.jp/kk/osaka/（２０１８年7月現在）
5）東京都福祉保健局：平成28年 輸血状況調査結果（概要）.
http://www.fukushihoken.metro.tokyo.jp/iryo/k_isyoku/yuketsutyousakekka.files/28gaiyou.pdf（２０１８年7月現在）
6）日本経済新聞：「85万人不足」予測見直し 日赤の献血需要．03／07（２０１８）.

第４章パート２

1）Holowaychuk MK and Yagi K：Evolution of veterinary transfusion medicine and blood banking. Manual of Veterinary Transfusion Medicine and Blood Banking. 1st ed. 2-12. Wiley-Blackwell, Iowa（2016）.
2）Cotter SM：History of transfusion medicine. *Adv Vet Sci Comp Med.* 36, 1-8（1991）.
3）Hosgood G：Blood transfusion: a historical review. *Am Vet Med Assoc.* 197（８）, 998-1000（1990）.
4）池本卯典：獣医療における輸血．小動物の輸血と輸液．池本卯典ほか 編．第１版．１－３．藤田企画出版，埼玉（１９８７）.
5）北昴：犬の輸血と輸液について その１．日本獣医師会雑誌．15，34－38（１９６２）.
6）織間博光，江島博康：輸血，輸液と輸血．臼井和哉ら編．第１版．63－１２５．学窓社，東京（１９９４）.
7）Feldman BF and Sink CA：Section 1 基盤となる血液銀行コミュニティの設立．犬と猫の輸血―輸血をはじめる前に―．長谷川篤彦 監訳．第１版．１－14．インターズー，東京（２００７）.
8）Hale A et al：Transfusion medicine. BSAVA Manual of canine and feline haematology and transfusion medicine. Day MJ. et al eds. 2nd ed. 280-323. British small animal veterinary association. Gloucester（2012）.

安井正樹（やすい まさき）…………**第４章パート１**

1962年大阪府生まれ。大阪府赤十字血液センター 学術・品質情報課長。
関西学院大学 理学部を卒業後、住友製薬株式会社（現：大日本住友製薬株式会社）に勤務。その後、日本赤十字社 血液事業部を経て、大阪府赤十字血液センターへ。製剤課、医薬情報課、供給課を経て、2016年より現職。

皆上大吾（あざかみ だいご）…………**第４章パート２**

1974年埼玉県生まれ。日本獣医生命科学大学 獣医学部 獣医保健看護学科 獣医保健看護学臨床部門（臨床検査学研究分野）准教授。獣医師。

日本獣医生命科学大学 獣医学部 獣医学科を卒業後、2004年3月に同大学大学院 博士課程を修了し、博士（獣医学）を取得。その後、同大学付属動物医療センターにて前期および後期臨床研修過程を修了。2007年4月より同大学に助教として着任。講師を経て2016年より現職。日本獣医がん学会の理事および獣医腫瘍科認定医認定委員長なども務めている。

専門分野は獣医臨床検査学および獣医臨床腫瘍学。日本獣医生命科学大学付属動物医療センター 外科系診療科にて腫瘍外科を担当し、メラノーマ、肺癌、肝細胞癌などの難治性腫瘍に苦しむ動物たちの治療に取り組みながら、動物のがんの早期診断や新規治療法に関する研究に従事している。約20年間の獣医師生活を経て、犬に好かれるが、猫には嫌われる性格であることが判明した。著書に『写真でわかる基礎の動物看護技術ガイド』（監修、誠文堂新光社）など。

●著者プロフィール

近江俊徳(おうみ としのり)…………**第1～3章**

1966年栃木県生まれ。日本獣医生命科学大学 獣医学部 獣医保健看護学科 獣医保健看護学基礎部門(比較遺伝学研究分野)教授。

東京農業大学 農学部を卒業後、自治医科大学 医学部 研究生を経て、1996年3月博士(医学)を取得し、同大学 法医学・人類遺伝学部門助手となる。助手時代にスイス連邦工科大学チューリッヒ校(ETHZ)動物科学研究所に客員研究員として2年間留学。2006年4月より日本医科大学・日本獣医生命科学大学に助教授として着任。准教授を経て2012年より現職。日本比較臨床医学会理事なども務めている。

専門分野は分子遺伝学、分子血液型学、動物生命科学。東京農業大学では家畜の血液型について学び、その後自治医科大学にて人の血液型研究に従事。大阪府赤十字血液センターとの共同研究で、多数の国際的な英文雑誌に研究成果を発表。現職では犬と猫の血液型をはじめ、動物の体質や気質、盲導犬の適性に関連する遺伝子など、多様な研究に学生と取り組んでいる。家では妻と娘、AB型の猫(ニャン吉)と暮らしている。

谷慶彦(たに よしひこ)…………**第4章パート1**

1956年大阪府生まれ。大阪府赤十字血液センター 所長。医師。

大阪大学 医学部を卒業後、同大学 医学部附属病院、大阪府立成人病センター(現：大阪国際がんセンター)に勤務。1988年大阪大学 医学部大学院で医学博士を取得後、大阪逓信病院(現：NTT西日本大阪病院)に勤務。1989年よりアメリカ国立衛生研究所(NIH)へ。帰国後は、大阪大学 医学部附属病院輸血部、同大学 医学部第3内科助手を経て、1997年より大阪府赤十字血液センターに勤務。研究部や検査部の部長を歴任し、近畿ブロック血液センター 副所長、奈良県赤十字血液センター 所長を経て2016年より現職。国際輸血学会(ISBT)のWorking Party on Rare BloodおよびWorking Party on Red Cell Immunogenetics and Blood Group Terminology委員なども務めている。

大阪大学 医学部大学院ではB細胞の分化に関する分子生物学的研究、アメリカ国立衛生研究所では遺伝子治療と細胞死の研究に従事。大阪府赤十字血液センターでは、血液型抗原や造血幹細胞移植後の赤血球系再構築に関する研究に従事。

人とどうぶつの血液型

2018年8月20日　第1刷発行
2019年1月20日　第2刷発行

編著者……近江俊徳
発行者……森田　猛
発行所……株式会社　緑書房

〒103-0004
東京都中央区東日本橋3丁目4番14号
TEL　03-6833-0560
http://www.pet-honpo.com

編　集……平井由梨亜、花崎麻衣子、石井秀昌
デザイン・イラスト……アクア
印刷所……図書印刷

ISBN 978-4-89531-347-6　Printed in Japan